南方ブックレット14

稲作の伝来と天皇

◎横山　寿　著

南方新社

表紙写真／秋の収穫後、切り株より二番穂が出てきたが、初冬の寒さで枯れ始めている（兵庫県神戸市西区神出町にて、二〇二四年一二月九日撮影）。二番穂の出穂は日本のイネの祖先種が多年生であることを示している。

稲作の伝来と天皇——目次

はじめに

人類は、都合の良い性質を併せもつように野生植物を選別し、淘汰することにより、作物として栽培しやすくし、収量を向上させてきた。この野生植物の栽培化により、人類はそれまで主流であった狩猟・採集生活から農耕を定着させ、文明を高度に発展させることができた。その代表的な植物として、小麦、トウモロコシとともにイネがあげられる。

イネの種子である米は、二五~三〇億人という多くの人々の主食となってきた。小麦とトウモロコシの生産が地球上の全大陸に分散しているのに対し、米は世界総生産量の約九〇%がアジアで生産され、そのほとんどがアジアで消費されている。米の生産がアジアに集中するのは、モンスーンの多雨と沖積土壌が多いためである。

イネ目イネ科のイネ属 *Oryza* には二十数種あり、このうちアジアイネ *O. sativa* とアフリカイネ *O. glaberrima* が栽培されている。アフリカイネはニジェール川流域でわずかに栽培されているのみで、世界の米生産量の大半をアジアイネが担っている。

アジアイネの野生種 *Oryza rufipogon* は、現在、アジアからオセアニアの熱帯・亜熱帯に分布しているが、日本では古来より自生していない。したがって、海外で自生していた野生イネが栽培化され、稲作が日本に伝来、定着、拡大し、現在に至っている。近年、米の消費量が年々減少しているとはいえ、現在も日本人の主食としての地位を保っている。

イネの栽培化および日本への稲作の伝来、定着と拡大がいつ、どのように進んだのか、多くの人々の興味を引いてきた。最近、イネに関する考古学、遺伝学、分子生物学、民俗学など、多方面の分野の研究が進み、この疑問への答えに新しい道筋が見えてきた。本書では、世界の中で稲作がいつ、どのように生まれ、それがどこから、どのように日本に伝わり、その当時の日本の文化・社会にどのような影響を及ぼしたのかを考えたい。その結果、「日本国がどのように成りたったのか」への回答に近づけるかもしれない。

私は、水産庁外郭の研究所で沿岸環境の調査・研究にあたり、定年退職後、大学で少し教職に就いた。その時の講義スライドを利用して、市民対象に講演したことがあった。テーマは「外来種」であり、「外来種の中にはイネのように外国から渡ってきた作物も多く含まれている」と説明した。その際に、聴講した方から、「私たちが食べている米は、縄文時代に海外からきた熱帯ジャポニカを縄文人が温帯ジャポニカに改良したもので、それが海外に渡った。その証拠に、一万年以上前のイネのプラント・オパールが国内から検出されている、という本を読んだ」と意見をいただいた。私は、おぼろげに得ていた「稲作の起源地はアッサム・雲南説が定説だったが、現在は長江流域説が有力になっている」という知識と異なるので、いくつかの著書、論文にあたった。稲作の起源、日本への伝来にとどまらず、稲作の伝来が古代の日本社会にどのような影響を及ぼしたかについても、日本神話の説話を含めて調べてみた。その結果、水田稲作が長江中・下流域で始まり、日本に伝わったことが科学的に証明されつつあることが分かった。日本社会への影響については、日本神話に歴史的事実が隠されていると感じた。現在の皇室が稲を祭祀の中心においていることも、稲作の伝来との関係をうかがわせた。

日本人が米を食べなくなり、耕作放棄地が増え、人口が減り、古来の日本の文化が忘れ去られようとしている現在、イネの来た道を振り返ることは、これからの日本人の歩みの道しるべになるのではないだろうか。そこで、稲作の起源からヤマト王権の成立までを通して概観する本書を著すことにした。専門外故、間違いがあるかもしれない。ご指摘いただければ幸いである。

第一章　イネの栽培化

インディカとジャポニカ

栽培イネ*Oryza sativa*の野生の原種*O. rufipogon*は、一年で世代を終える一年生の系統と栄養体で繁殖をつづける多年生の系統を含む。両者を亜種のレベルで分け、前者を*O. rufipogon nivara*、後者を*O. rufipogon rufipogon*とすることもある。いずれの系統も、茎が横に開いた形をしており（開帳性）、種子を散らばりやすくするため、成熟した種子が穂から外れやすい（脱粒性）。また、野生イネは種子の先端に細長い芒《のぎ》があり、動物の毛皮にからまることで種子拡散に寄与したり、鳥や獣による食害から種子を保護する役目があるとされている。

九州帝国大学の加藤茂苞《しげとも》博士は、在来の多くの栽培イネ品種間のかけ合わせ実験により、品種が二つのグループに大別されることを見いだし、それぞれインディカとジャポニカと名づけた（加藤ら一九二八）。また、国立遺伝学研究所の岡彦一博士は、フェノール反応、籾先端の毛の長さ、塩素酸カリへの抵抗性により、栽培イネが二グループに分かれることを示し、フェノールに籾をつけると黒く変色する、籾先端の毛が短い、塩素酸カリへの抵抗性が弱いグループを大陸型、大陸型と対極のグループを島型と呼んだ（岡一九五三）。後に、大陸型はインディカ、島型はジャポニカと呼ばれるようになった。籾の形と食味について、前者は籾の形が細長く、粘りがなくぱさぱさとした食感、後者では丸く、もっちりしていると一般に認識されているが、この区別が当たらないケースもある。

熱帯ジャポニカと温帯ジャポニカ

岡（一九五三）は、ジャポニカが中茎の長さ、胚乳がアルカリの希薄溶液中で崩壊する程度、籾の長さと幅の比率の組み合わせにより、さらに二つのグループに分けた。中茎が長く、胚乳が崩壊しない、籾が細長いグループを熱帯島型、その反対の形質のグループを温帯島型とした（後に、「島型」は「ジャポニカ」に改称）。

熱帯ジャポニカは茎の数は少ないが、各茎が発達し、大きい穂をつける穂重型の草形であり、現在、亜熱帯から熱帯の東南アジア山地部一帯で栽培されている。根の伸長が早く、水不足への耐性が大きく、厚い覆土（深播き）への耐性が大きく、多肥に適していない（倒れる、光合成低下、病気や害虫）ことから、粗放的な畑稲作に適している。

温帯ジャポニカは、茎の数は多いが各茎は小型になる穂数型の草形を有しており、現在、長江流域一帯、朝鮮半島、日本など温帯域で栽培されている。多肥により穂の数を増加させ、収量向上が望めることから、集約的水田稲作に適している。水田方式は、湛水による雑草駆除や保温、降雨による土壌の流出防止、土壌の肥沃性の維持、土壌の酸性度の緩和、連作障害の防止など多くの効果があり、これらの結果として収量が安定する。また水田稲作は、水田や灌漑施設の造成、水の配分など多くの人々の間で相談や協力を必要とすることから、地域社会の安定にも貢献している。

栽培イネの分化

インディカとジャポニカがどのように分化したかについては、両グループが同じ起源をもつ「一元説」と両者が独立に栽培化の過程をへて成立したという「二元説」があり、両説の間で論争が続いていた。Ishiiら（一九八八）は、母から子にだけ伝わる葉緑体ＤＮＡを分析し、インディカとジャポニカでは葉緑体ＤＮＡのタイプが異なることを示した。核遺伝子の*Pox-1*についてみると、4Cとナルという二つのタイプがあり、ジャポニカはナルをもち、インディカはナルと4C双方をもっている。これより、佐藤（二〇〇九）は、ジャポニカよりインディカが後の時代に分化した考古学的証拠に鑑みて、インディカは熱帯に進出したジャポニカの花粉による自然交配を繰り返し受けて生まれたと推測した。

国立遺伝学研究所の倉田のり教授を中心とした日中の研究グループは、栽培イネと野生イネの全遺伝子情報を解読した。その結果、①野生イネ *O. rufipogon* は、三つのグループ、Or‐I、Or‐II、Or‐IIIに分けられること、②栽培化の過程で、集団内にゲノム配列の均一化が起こったゲノム領域には、脱粒性、草型、粒幅など栽培化にかかわる重要な遺伝子が存在していたこと、③ジャポニカは、多年生のOr‐III内の一部のサブグループIIIaを起源とし、インディカは、東南アジアや南アジアに自生していた一年生のOr‐Iと栽培種のジャポニカとの交配により生まれたことが分かった（Huangら二〇一二）。

これらの結果は、インディカとジャポニカの分化が栽培化の前に始まり、栽培化とともに進行してきたこと（二元説）、両者の遺伝的な違いが別種といえるほど大きいことを示している。小西ら（二〇〇七）も、野生イネは栽培化の前に地理的に異なる遺伝子型を持つ集団として分化しており、約一万年前に、長江流域の集団の中からジャポニカが、インド・タイ・ミャンマーの集団の中からインディカが、それぞれ独立に栽培化されたと推測した。温帯ジャポニカと熱帯ジャポニカ間の遺伝的な違いはジャポニカとインディカの違いよりはるかに小さい。

栽培化にともなう遺伝子と形質の変化

東京大学の井澤毅教授は、イネの栽培化の過程で変化した形質として、①易脱粒性から難脱粒性へ（穂に籾がついたままで収穫できる）、②開帳性から直立性へ（分枝しながら上へと葉が伸び、穂が屹立するので、密植可能で収穫しやすい）、③種子が細粒から大粒へ、④赤米から白米・黒米へ、⑤高アミロース（低粘度）から低アミロース（高粘度）へ、をあげ、これらの形質の変化がイネ栽培化の過程のどの位置で、どの遺伝子が関与して起こったのかを模式的に示した（図1：井澤二〇一七）。

これによると、野生イネIIIaの脱粒性 *sh4* 遺伝子と開帳性 *PL0G1* 遺伝子が変化し、粘り少ない大粒種の熱帯ジャポニカの祖先系統が出現した。熱帯ジャポニカ祖先系統のアミロース合成酵素 *Wx* 遺伝子が *WxA* アリル（パサパサの対立遺伝子）から *WxB* アリル（モチモチの対立遺伝子）へと変化し、餅米が生まれ、粒色に関する *Rc* 遺伝子と *Kala4* 遺伝子、粒型に関する *qSW5* 遺伝子が変化し、紫黒米が誕生した。その一方で、約七〇〇〇年以上前に長江下流域において、熱帯ジャポニカ祖先系統に、脱粒性に関しては二回目になる *qSH1* 遺伝子が変化し、粘りのある短粒種の温帯ジャポニカ祖先系統が生じた。この系統が弥生時代に水田稲作法とともに九州に伝来した。他方、野生イネグループＩに熱帯ジャポニカ祖先系統が交配し、粘り少ない長粒種インディカ祖先系統が生まれた。

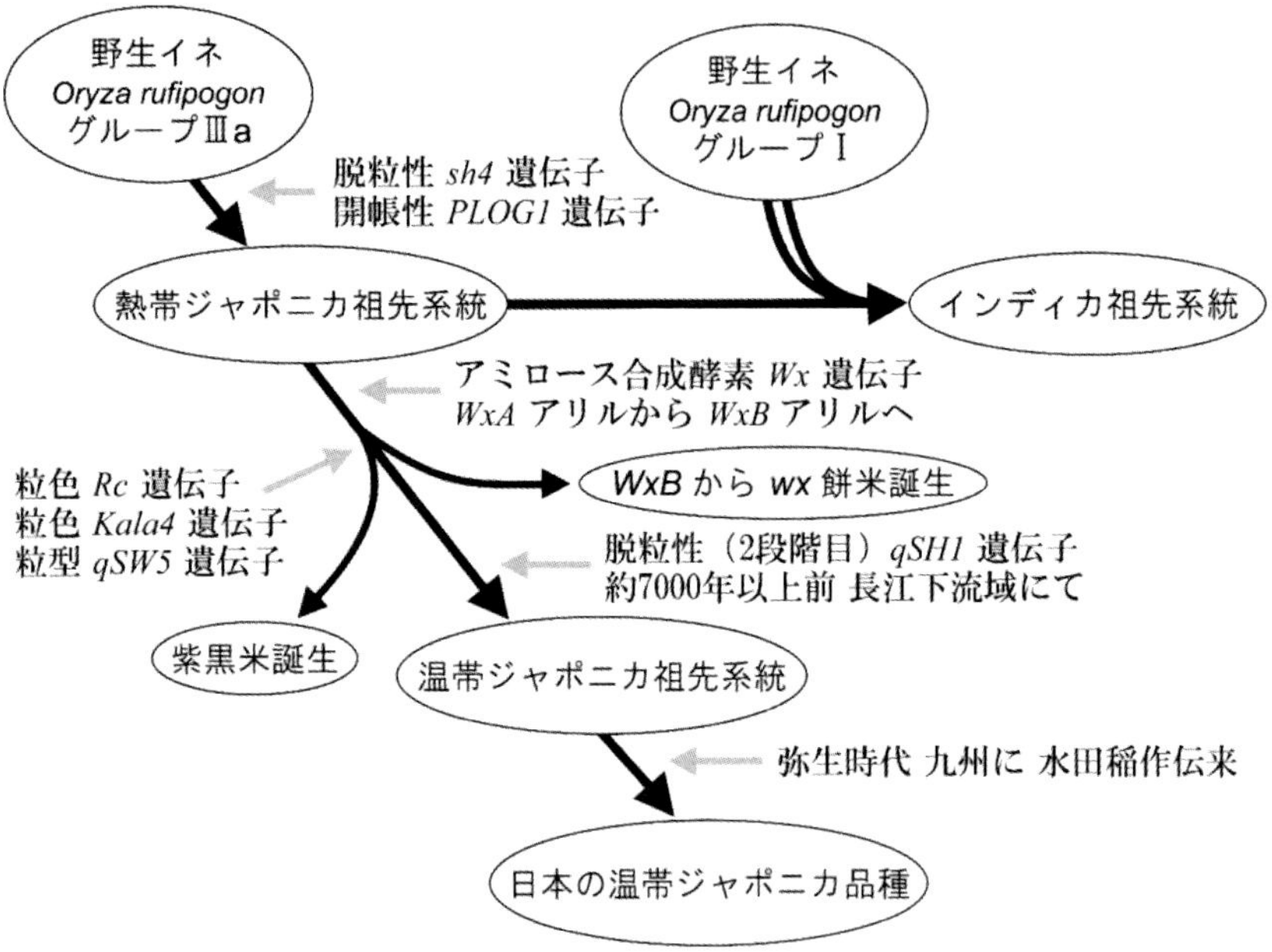

図１　イネの栽培化過程と栽培化関連遺伝子の変化（出典：井澤，2017）

神戸大学の石川亮准教授らのグループは、イネ栽培化の初期過程において獲得した難脱粒性に三つの遺伝子が関与したことを明らかにし、形質変化のメカニズムをつぎのように説明した（Ishikawa ら二〇二二）。①*qSH3* 遺伝子の変異が単独だと種子は自然に落下（脱粒）するが、*sh4* 遺伝子の変異と重なることで、脱粒に必要な離層が部分的に壊れる。②*qSH3* と *sh4* 遺伝子の変異に穂を閉じる *SPR3* 遺伝子の変異が加わると多くの種子が穂に安定して留まる。③穂が閉じることにより、下位の種子の長い芒《のぎ》が上位の小穂を覆って、おしべとめしべの外部への露出が抑えられ、作物として重要な自殖性が向上し、遺伝的な均一性が増した。芒は、収穫時に皮膚を傷つける、播種が煩雑になるなど、人間に不都合な面があったため、その後、二つの遺伝子が機能を失うことにより芒を消失する方向に選抜がかかった（Bessho-Uehara ら二〇一六）。

このように、人類は、およそ一万年をかけて、野生イネに突然変異により生じた形質を選抜し、栽培しやすく収穫量の多いイネに作り変えてきた。その過程が、最近の分子生物学的手法により、遺伝子のレベルで明らかになりつつある。

第二章　稲作の起源地

アッサム・雲南説

イネの栽培は、いつ、どこで、どのようにして始まったのであろうか。京都大学の渡部忠世《わたべただよ》教授は、インド亜大陸と東南アジアで使用されていた最古で二五〇〇年前の日乾し煉瓦、約二〇〇点の中に練りこめられた稲籾を計測した（渡部一九七七）。その結果、籾は、水稲のジャポニカに類似したラウンドタイプ、陸稲のラージタイプおよび水稲インディカのスレンダータイプに三区分された。これらの年代と地理的分布より、および雲南のイネについては文献調査より、渡部教授はつぎの結論に達した。①アッサム・雲南地方がアジア栽培イネの起源地と想定できる。②この起源地から、ジャポニカは、長江に沿って東に、東南から南の方向ではメコン川、イラワジ川に沿って東南アジアに、西方向ではインド大陸に伝播した。③インディカは、インド亜大陸に伝わってから海岸沿いの低湿地を中心にインド各地から東南アジアに伝播するとともに、東南方向の珠江水域にも伝わった。

　農水省農業生物資源研究所の中川原捷洋《なかがわらまさひろ》博士は、アジア各地から入手した栽培イネのエステラーゼ酵素分布型を調べ、日本、北部中国、南部中国、ベトナム、インド・スリランカでは単一の型が卓越するが、中国雲南省、ビルマ、アッサム、ネパール、タイ、ラオスでは複数の型が混在していることを示した（図2：田畑二〇〇五）。博士は、酵素型の変異が多い場所を「多様性中心」と名づけ、アッサム・雲南地方を含むこれらの地が稲作の起源地に近く、多様性中心から各地に稲作が伝播したと考えた（中川原一九八五）。この考え方は、多様な品種がみられる地域が野生近縁種から作物が栽培化された起源地であり、ここから遠ざかるほど多様性が減少していくという「バビロフの遺伝子中心説」に基づいている。

　アッサム・雲南地方が、照葉樹林文化中心地の「東亜半月弧」（図4参照）と重なることも、この地方が栽培イネの起源地の傍証になると考えられてきた。照葉樹林文化とは、ヒマラヤ山麓からブータン、ミャンマー北部、中国雲南省、長江流域、華南、朝鮮半島南部を経て日本の南西部に続く、カシ類などの常緑樹からなる照葉樹林帯には共通する文化の要素があるとする中尾佐助氏や佐々木高明氏の説である（上山ら一九七六）。「東亜半月弧」の名称は、この地が、冬に地中海からもたらされる雨がコムギを育み文明を産みだした中東の「肥沃な三日月地帯」と相似するとしてつけられた。アジアでは夏の季節風により大洋から湿った風が大陸に雨を降らすモンスー

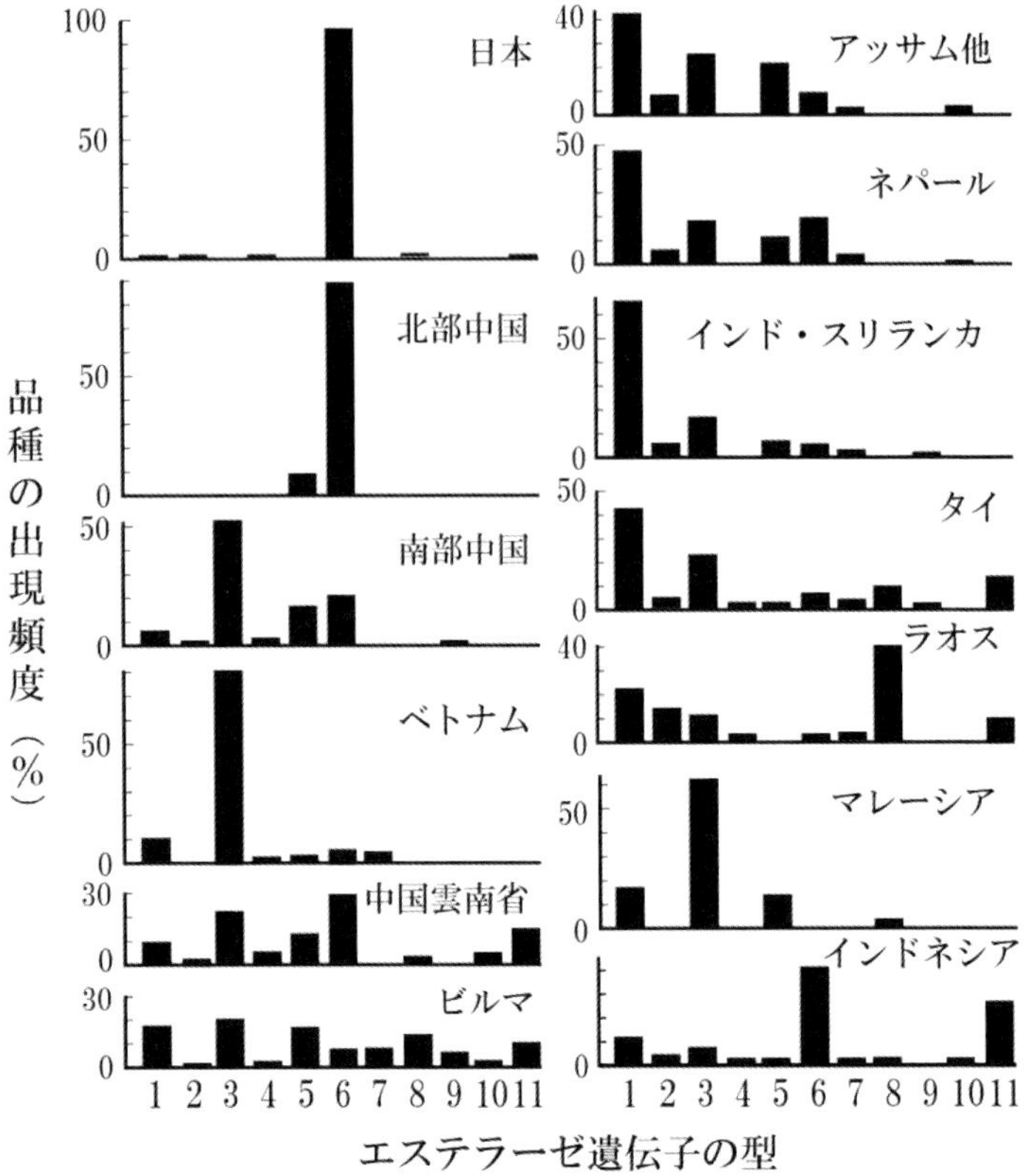

図２　アジア各国における栽培イネのエステラーゼ酵素遺伝子型の出現頻度
（出典：Nakagahara，1978 等のデータを田畑，2005 が引用）

ンがイネを育み、稲作の起源地も東亜半月弧に存在するに違いないと考えられた。

東南アジア説と珠江中流域説

農業生物資源研究所を中心とする研究グループは、在来の栽培イネ二〇〇品種について、籾の形、脱粒性、粘りを決める三遺伝子を解析し、①インドネシアでは三遺伝子が全て野生型か、一遺伝子のみが変化し、中国では二遺伝子が変化、日本では二つかすべてが変化していたことから、東南アジアで陸稲として栽培されている熱帯ジャポニカがジャポニカの起源に近い、②この熱帯ジャポニカが中国に伝播し、長江流域で水田栽培化され、米粒の幅の決定に関与する *qSW5* 遺伝子の欠失により温帯ジャポニカが生まれた、③この温帯ジャポニカが日本に伝来した、と推察した（Shomura ら二〇〇八）。この研究は、イネの栽培化と形質の変化について遺伝子レベルでの新知見を提供しているが、現在栽培されているイネ遺伝子の変化の大きさから、イネ栽培化当時の起源地を推定することには限界があるのではないだろうか。

野生イネ、ジャポニカおよびインディカのゲノム解読を行った前述の倉田教授らの研究は、多くの生息域から採集された現生の野生イネと栽培イネとの間の遺伝的距離を算定し、イネの栽培化は中国の珠江中流域で始まったと推論した。しかしこの研究でも、「ジャポニカに近いゲノムを持つ野生種が現在、珠江中流域に自生している」とは言えても、珠江中流域がイネの栽培化が始まった「起源地」とは言えないのではないだろうか。

アッサム・雲南説から長江中・下流説へ

アッサム・雲南説は稲作の起源地として定説として広く受け入れられた。しかし一九七三年、長江（揚子江）下流域の杭州湾南岸にある河姆渡《かぼと》から水田跡と炭化した大量の籾が出土した。炭素14法での年代測定の結果、七〇〇〇年前（ここで「年前」とは一九五〇年より前の年数をいい、正しくはBefore Physicsの略ＢＰを付すが、本書ではこれを省略）であることが分かり、その当時の世界最古のイネ遺跡であった。静岡大学の佐藤洋一郎博士は、河姆渡遺跡出土の籾の形態を観察し、野生イネと栽培イネが混在していたことを見いだし、この一帯ではイネの栽培化が進みつつあったと推定した（佐藤一九九六）。河姆渡遺跡の発見が契機となり、中国国内での発掘調査が進んだ。その結果、長江中・下流域から八〇〇〇〜七〇〇〇年前のイネの遺跡が続々と発見され、アッサム・雲南説の見直しが必要になった。

中国イネ遺跡のレビュー論文

中国科学院土壌科学研究所の研究グループは、国内のイネ遺跡一八〇地点の発掘記録を収集し、古代イネの時空間分布図（図３）を示すとともに、イネ遺跡数を地域別、年代別（四段階）に集

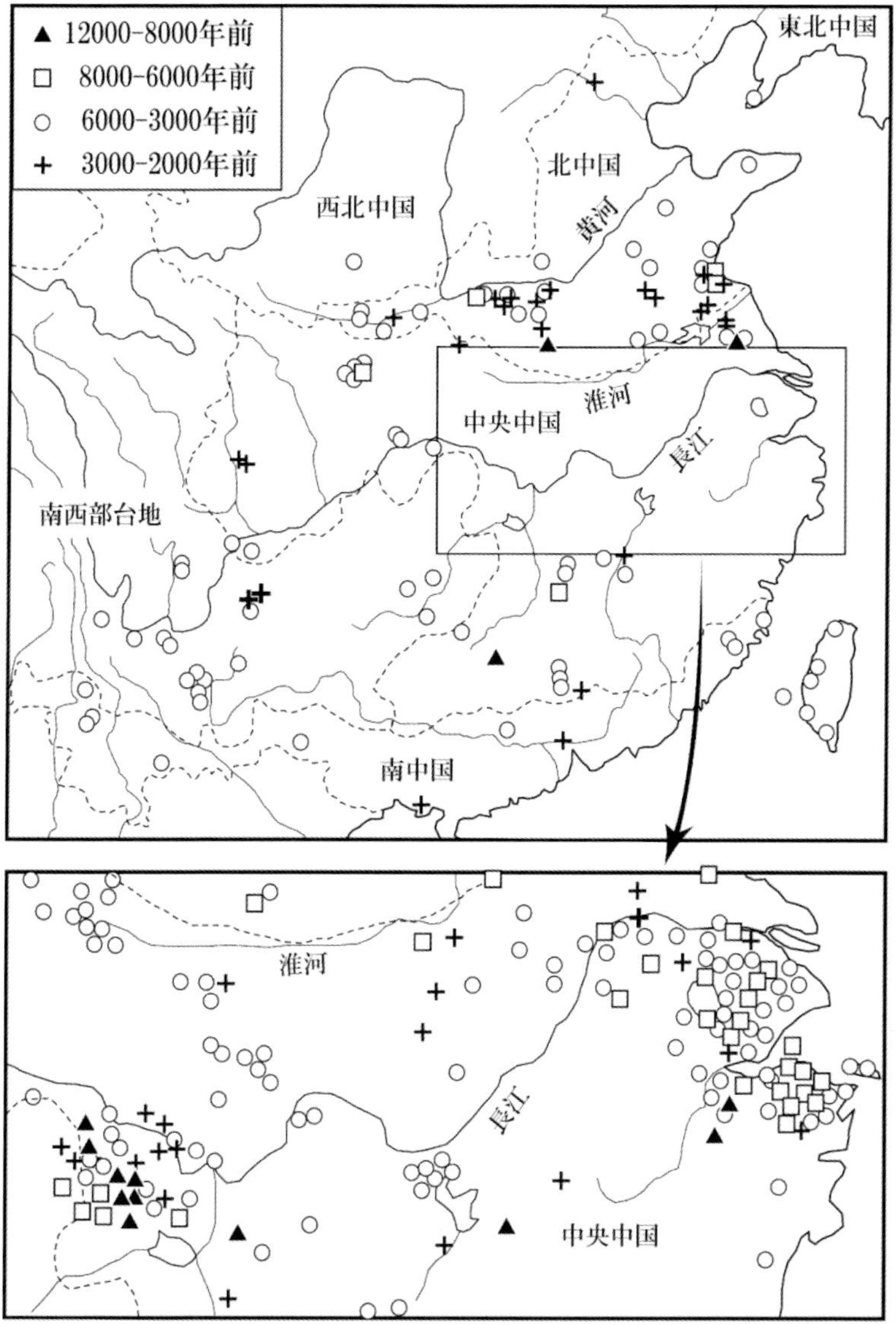

図 3　中国におけるイネ遺跡の年代別分布（出典 : Gong ら，2007）

表1　中国におけるイネ遺跡数の時空間分布

地域 ＼ 年代（BP，年前）		12000～8000	8000～6000	6000～3000	3000～2000	遺跡数
南	福建，広東，広西，台湾，雲南南	0	1	12	7	20
中央	長江中下流域，四川・陝西盆地，江南の低丘平野部	15	38	116	20	189
南西	東貴州－西湖南高地と雲南－四川低地域	0	1	13	4	18
北	北中国平原北部，黄－淮－海河域	1	5	33	11	50
東北	遼河平野	0	0	1	0	1
西北	甘粛－寧夏－山西－内モンゴル台地	0	0	2	0	2
遺跡数		16	45	177	42	280

出典：Gongら，2007

計した（表1：Gongら二〇〇七）。対象となった二八〇地点のうち、一八九地点が中央中国にあり、そのうち一四一地点が長江中・下流域に位置した。また、これらの遺跡はもっとも古い一万二〇〇〇年前からさまざまな時代にわたり、もっとも新しい遺跡まで約一万年継続している。これらの結果は、中央中国とくに彭《ほう》頭山《とうざん》遺跡、草鞋山《そうあいさん》遺跡、綽墩山《しゃくとんさん》遺跡などを含む長江中・下流域が中国におけるイネ栽培の起源中心地であることを示している（図4）。

　長江中・下流域は、地形的には主として平野・丘陵地域に、気候的には湿潤亜熱帯モンスーン地域にあり、新石器時代には、現在より三～四℃高く、また年降

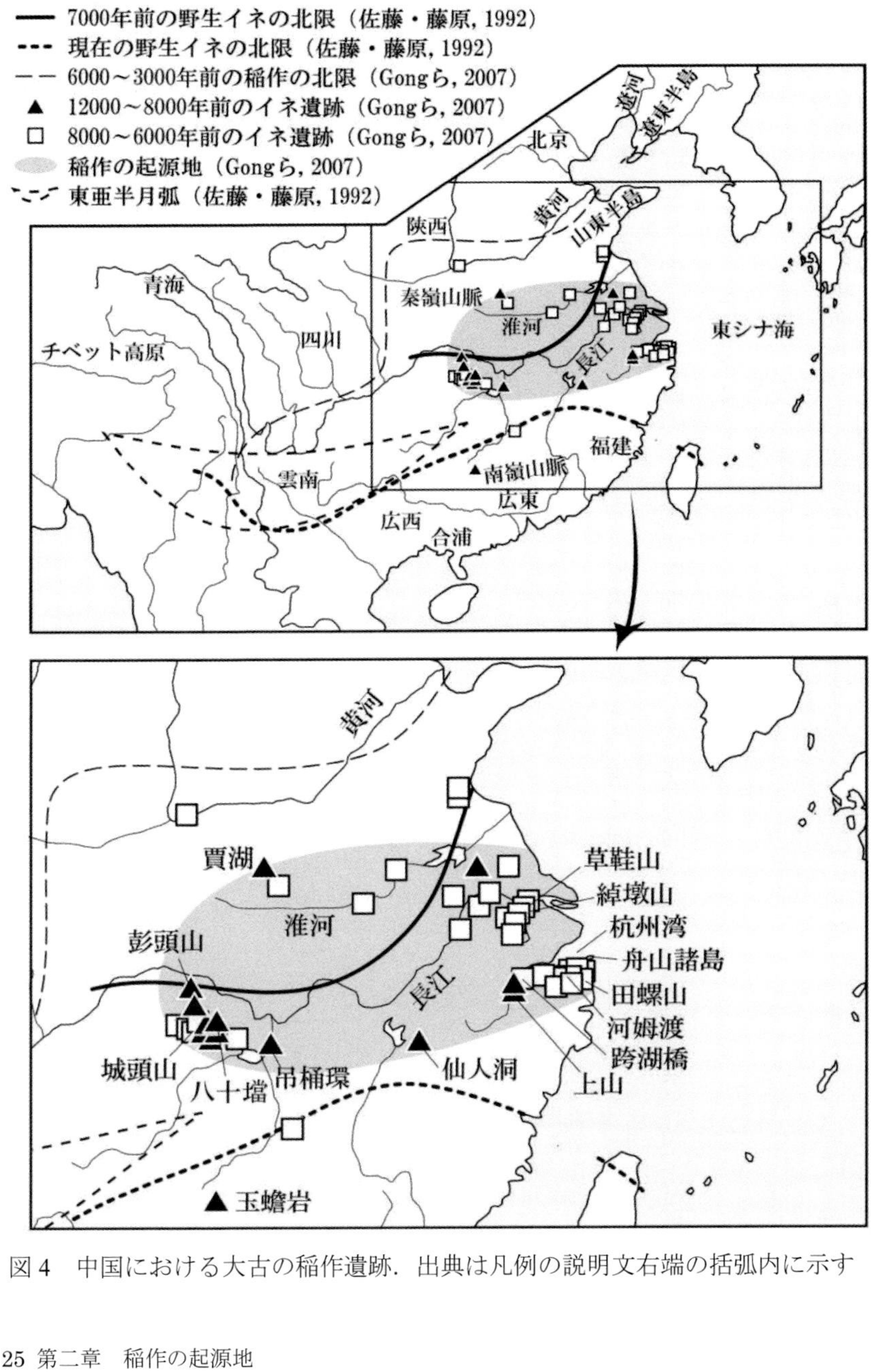

図４　中国における大古の稲作遺跡．出典は凡例の説明文右端の括弧内に示す

水量も八〇〇ミリメートルほど多かった。その当時、野生イネが自生しており（図4：佐藤・藤原一九九二）、人々はその種子を食料としていたが、次第に種子を保存し、栽培するようになったと思われる。著者らは、古代の南・南西中国では、野生イネやその他の植物・動物資源に富んでいて食物が不足する心配がなかったことが、この地域を最初のイネ栽培地域とすることを妨げたと考えた。

古代イネの中国他地域やアジアへの伝播は三つの主要な波に区分される（Gongら二〇〇七）。

一、第一波は第一段階の年代（一万二〇〇〇～八〇〇〇年前）に属する一六地点と第二段階（八〇〇〇～六〇〇〇年前）の四五地点によって代表される。これらの地点の大多数は長江中・下流域にあり、地域的につながっており、イネはこの地域を起点として黄―淮平原・低丘地域、四川・陝西盆地に広がった。

二、第二波は第三段階（六〇〇〇～三〇〇〇年前）の一七七地点によって代表される。第三段階には東に向かっては長江デルタや杭州湾の沿岸に、西に向かっては四川と雲南に、南へ向かっては福建―広東―広西の丘陵・台地地域に、また北へ向かっては遠く山東半島や遼東半島南部にまで達した（図4）。

三、第三波は四二地点からなる第四段階（三〇〇〇～二〇〇〇年前）によって代表される。イネは東へは舟山《しゅうざん》諸島に達し、また西へは青海―チベット高原の東境に、北へは北京に、南は広西省の合浦に達した。

長江中・下流域における野生イネの採集からジャポニカ種の水田栽培の開始までの経過は、那須（二〇一四）によりつぎのようにまとめられている。

一、一万五〇〇〇～一万一五〇〇年前の長江中・下流の丘陵地帯（玉蟾岩《ぎょくせんがん》、仙人洞《せんにんどう》、吊桶環《ちょうとうかん》、上山の各遺跡）では、野生イネを採集し、食糧にしていた。

二、九〇〇〇～八〇〇〇年前の長江中流（彭頭山遺跡、八十垱《はちじゅっとう》遺跡）、下流（上山遺跡）、淮河流域（賈湖《かこ》遺跡）の遺跡で炭化米や籾殻が多数、発見された。これらが栽培種か野生種かで議論されている。

三、七九〇〇～七〇〇〇年前の長江下流域の跨湖橋《ここきょう》遺跡より出土のイネは、籾軸の脱粒痕により栽培種と判定された。これがイネ栽培の最古の証拠と考えられる。

四、六六〇〇年前頃から栽培イネが野生イネよりも多く出土するようになり（例：長江下流域の田螺山《でんらさん》遺跡）、イネ栽培が定着したとみられる。

五、六四〇〇～五五〇〇年前には、長江中流域（城頭山《じょうとうざん》遺跡）や長江下流域（草鞋山遺跡）で水田が造られるようになった。

中国におけるイネ遺跡の膨大な考古学的調査により、長江中・下流域が野生イネを栽培化した稲作の起源地であり、この地で水田栽培が始まり、各地にこの栽培法が伝播したとする説が、今や定説になっている。雲南最古のイネ資料は三八二〇年前の白洋村遺跡で発掘された籾殻であり、現在、これをさかのぼるイネ遺跡は発見されていない。したがって、雲南起源説はほぼ否定された、といってよい。

それでは、栽培化と稲作技術の開発は、中下流域一帯で行われたのか、中流域と下流域でそれぞれ独立していたのだろうか。長江下流域では、崧沢《すうたく》・良渚文化の時期（紀元前三九〇〇〜二二〇〇年頃）に石犂《いしすき》や耘田器（穂摘器）といった農耕具が使われていたが、長江中流域ではこれらの農耕具は出土していない（槙林二〇一四）。このことは、下流域と中流域では、それぞれ独立に稲作技術を創造し形成させたことを示唆している。

水田稲作の始まりと発展

初期の水田はどのようなものであったか、草鞋山遺跡の調査に参加した藤原宏志宮崎大学教授はつぎのように説明している（藤原一九九八）。草鞋山遺跡の約六〇〇〇年前の水田は、水の集まる谷の溝状低地にあり、自然地形をそのまま利用し、微地形に合わせた形で、地面を一五〜四〇センチ、掘りこんでいた。水田の一つ一つは一〜九平方メートルと小さく、二〜四列に並んでおり、ところどころに井戸状の溜池が掘りこまれていた。水田は互いに水口《みなくち》でつながり、水田と溜池をつなぐ水路も備えていた。プラント・オパールの形より、イネはジャポニカ種と判定された。

また、その密度より、この水田で生産された稲籾の通算の総量は四〇〇キログラム／平方メートルと推定された。現在の年間イネ籾収量〇・五キログラムを当てはめると、この水田は約八〇〇年間続いたことになる。

草鞋山遺跡の水田はある程度の灌漑施設を備えるなど、原初的な水田からある程度進んだ段階とみられる一方、自然地形利用型の水田で面積が小さく、米の生産量は少なかった。この時代は狩猟農耕併存型の社会であったとみられるが、約一〇〇〇年後、江南では稲作中心の社会へと変わっていく。この時代、様々な農耕具が開発され、灌漑を利用した集約的な水田農耕へと発展し、生産性が飛躍的に増大した。このため、富が少数の人に集中するようになり、生まれた貴族階級により大多数の民衆が統治される階級社会に移行し、首長の出現、国の成立へとつながっていく。

野生イネの採集から稲作文明の誕生まで

長江流域の稲作遺跡の日中共同研究に永年携わってきた金沢大学の中村慎一教授は、長江流域での野生イネの採集から稲作文明の誕生にいたる過程を、①野生イネの採集、②野生イネ種子の人為的播種、③栽培イネ形質（非脱粒性）の出現、④栽培イネ形質の確立（野生イネとの遺伝的隔離）、⑤「稲作文化」の形成、⑥「稲作社会」の成立、⑦「稲作文明」の誕生、に区分した（中村二〇〇九）。中村教授は、これらの過程の流れをつぎのように説明している。すなわち、①野生イネを採集し、その種子を食糧とすることに始まり、②種子を蓄え、播種するようになると、③比較的短期間で非脱粒性が獲得された可能性があるが、野生イネと混在していると、この形質は確立されなかっただろう。④イネを水田で栽培するようになると、野生イネの混入が排除され、栽培形質の確立が進んだ。他方、⑤水田稲作の開始後まもなく、稲作に使う個人的労力は増大し、生活が稲作中心となっただけでなく、稲作中心の文化が形成されていく。イネはそれを栽培する人々の期待に応え、次々と新たな突然変異を起こし、増大する人口を支えつづける。やがて、⑥稲作なくては立ち行かない社会が成立する。⑦稲作に基づく社会集団が従来の血縁から脱却して拡大し、都市と国家が創出される。

さらに、中村教授は、長江流域において、①野生イネの採集が始まった段階を、現在より約一万年前、⑤「稲作文化」の形成を六五〇〇〜六〇〇〇年前、⑥「稲作社会」の成立を六〇〇〇〜五五〇〇年前、⑦「稲作文明」の誕生を五〇〇〇年前とし、その間に五〇〇〇年近い歳月が必要であったことを指摘した。

このように、長江中・下流域では一万年以上前に野生のイネを採集し、食糧としていた人々がイネの種子を保存、播種するうちに栽培、食糧とするに適した株、種子を選別するようになり、八〇〇〇〜七〇〇〇年前ころには栽培に伴ってイネの形質が変化してきた。七〇〇〇〜六〇〇〇年前には温帯ジャポニカの水田栽培が始まって（王ら一九九八）、この方式による稲作が長江の上流および南北方向に広がり、ほぼ三〇〇〇年前には中国の現在の稲作地帯まで拡大した。水田栽培の確立、拡大により、「稲作文化」の形成、「稲作文明」の誕生へと社会が変化した。

第三章　日本への稲作の伝来

四つの伝来ルート

日本では野生イネは古来より自生していない。長江中・下流域で始まった稲作がどのように日本に伝わったのであろうか。多くの著書、論文がこのテーマに触れており、そのルートはつぎの四つに集約できる（図5）。すなわち、①華北から朝鮮半島北部を経由し、半島南部から対馬海峡を渡って北九州に至る北朝鮮経由ルート、②山東半島から黄海を渡り、朝鮮半島西岸を経て北九州に至る南朝鮮経由ルート、③江南（長江下流、河口域〜杭州湾沿岸を中心とする地域）から東シナ海を渡って、直接、九州に至る江南直接ルート、④江南の南方から台湾、南西諸島を経て、九州に至る南方経由ルート、の四ルートである。

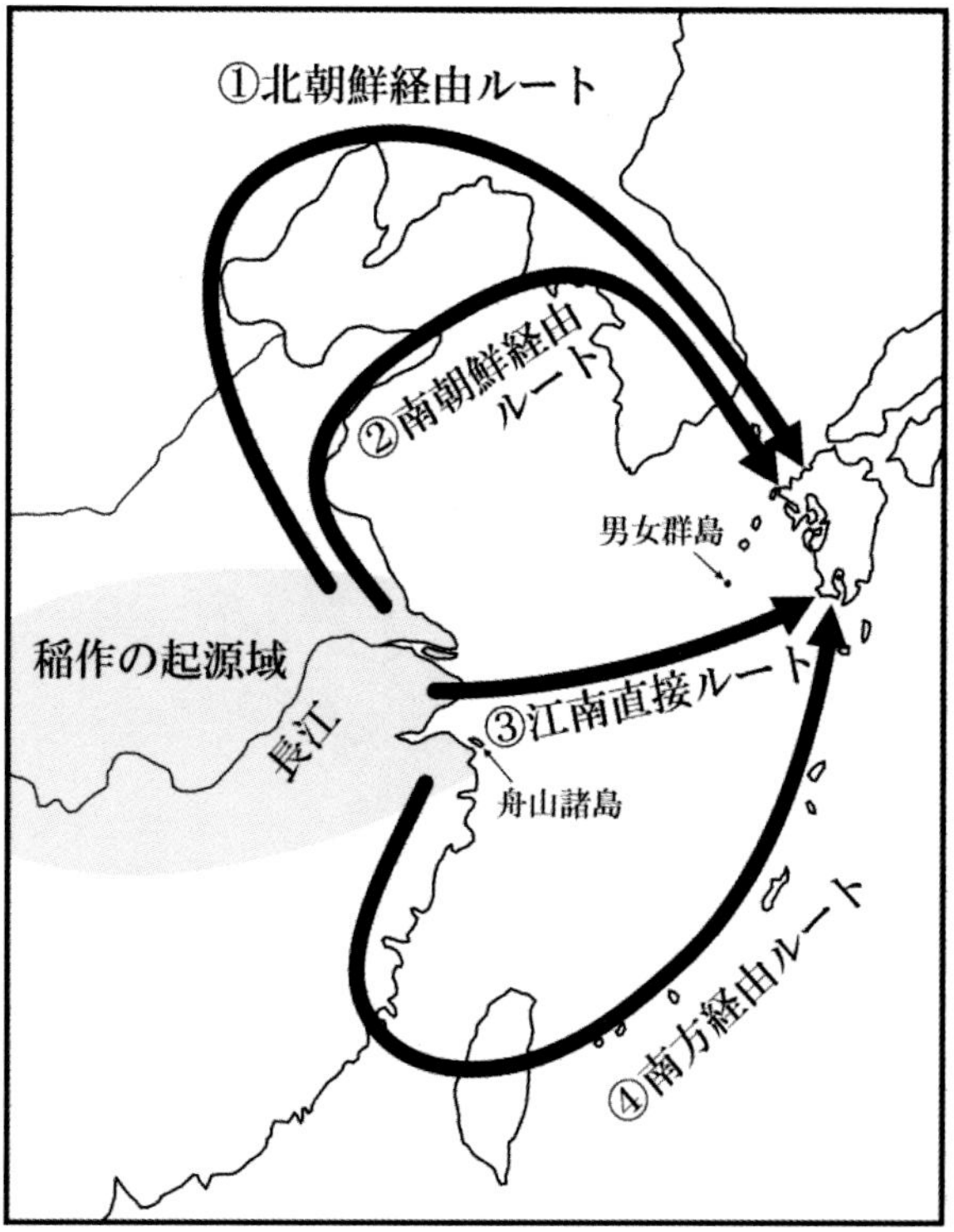

図5　長江下流域から日本への稲作伝来ルート（①〜④）

南方経由ルート

南西諸島では古代稲作の遺跡が発見されておらず、このルートからイネが大量に伝来した可能性は低い。ただし、在来イネの遺伝子分析により、南西諸島を経由して熱帯ジャポニカがある程度、伝来したと推察されている。国立遺伝学研究所の佐藤洋一郎博士は、両ジャポニカと熱帯ジャポニカの遺伝子を持つ交雑種の分布を調べ、①熱帯ジャポニカは南西諸島にみられ、本土では殆どが温帯ジャポニカであること、②交雑種が南西諸島から西日本に多いこと、を見出した（図6：佐藤一九九二）。佐藤博士は、このような分布が、熱帯ジャポニカが南方より渡来した結果を反映していると考えた。

図6　国内における在来栽培イネを対象にした，温帯ジャポニカ，熱帯ジャポニカの遺伝子を持つ温帯ジャポニカおよび熱帯ジャポニカの地理的分布（出典：佐藤，1992）

朝鮮半島経由ルート

稲作は朝鮮半島を経由して北九州に伝来したとする説が、これまで広く受け入れられてきた。朝鮮半島経由ルートには、北朝鮮経由と南朝鮮経由の二ルートがある。前者については、遼東半島では古代のイネ遺跡がわずかに存在するものの、朝鮮半島の北部になると発見例がない。これは、朝鮮半島北部の気候が乾燥、冷涼で稲作には適しておらず、北朝鮮経由ルートの可能性が低いことを示している。一方、南朝鮮経由ルートについては、多くの中国文物が朝鮮半島経由で北九州に伝来したとみられること、農具や稲作に伴う儀礼が朝鮮半島と日本で相似している例があることから主要なルートとみられてきた。このルートは最近の分子生物学的手法によるSSRマーカーの分析結果によっても支持されている（佐藤二〇一八）。なお、朝鮮半島南部には三四〇〇年前ころに稲作が伝わったことが知られている（那須二〇一四）。

南朝鮮経由・江南直接の二ルート説

佐藤洋一郎博士は、中国、朝鮮半島、日本の在来の水稲、それぞれ、九〇品種、五五品種、一〇五品種のSSR（Simple Sequence Repeat）マーカーを分析した。SSRとは、ゲノム中でDNAの短い配列を繰り返す領域があり、その反復回数が個体や品種によって異なることをいい、反復回数の違いが個体や品種の識別に利用される。佐藤博士は、八種類（a～h）の多型を見いだし、各地域における出現状況により、中国から日本へのイネの伝来経路を次のように推測した（図7：佐藤二〇一八）。すなわち、①中国には八種類がすべてそろっており、そのなかでもb型が高頻度（六八％）で出現する。②朝鮮半島ではb型以外の七種類が出現する。③日本では三種類のみで、a型とb型が多く、c型はわずかである。④二一〇〇～二二〇〇年前の唐古・鍵遺跡と池上・曽根遺跡で発掘された炭化米はb型であった。⑤a型は、中国における出現頻度は高くないが、朝鮮半島と日本では高頻度に出現する。これらの結果より博士は、日本のa型のイネは

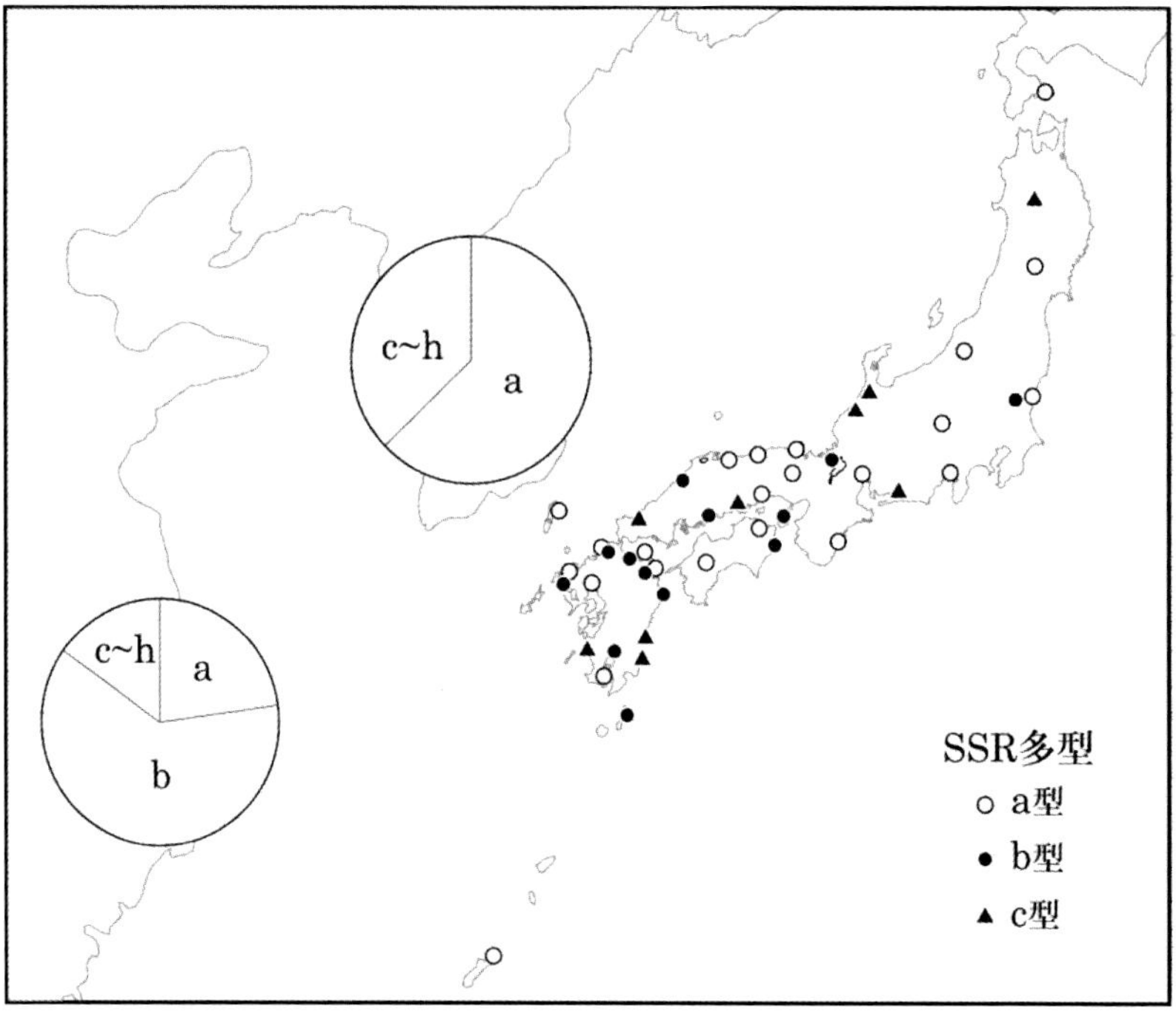

図7　国内における在来イネ品種を対象にしたSSR多型の分布，および中国と朝鮮半島におけるSSR多型8型（a～h）の割合（出典：佐藤，2018）

朝鮮半島を経て渡来した一方で、b型のイネは二一〇〇年以上前に中国から直接、日本に来たと推論した。

河野（二〇二一）は、南朝鮮経由と江南直接の二ルートが時期を前後して日本にイネをもたらしたとする二段階・二系統説を提唱した。第一波は、朝鮮半島から、乾畓直播《かんとうじかまき》法が伝来したとするものである。この方法は、乾田の状態で播種してその後も畑状態で成長させ、雨期に雨が降れば灌水してその後は水田で育てる方法であり、冷涼・乾燥の朝鮮半島の気候に適している。

第二波は、江南地方からの田植え法の伝播である。秦嶺《しんれい》山脈と淮河を結ぶ線（図４）より北側は少雨・乾燥・雨期遅れ地帯であるため、田植え法は適用できず、田植え法が朝鮮半島を経由して日本に日本に伝わったとは考えられない。南西諸島経由も水田遺跡がなく、田植え法が南方ルートで伝わった可能性は乏しい。したがって、江南地方からの田植え法の伝来は直接ルートしか残されていない。田植え法は、温暖多雨で、六〜七月に梅雨がある日本に適している。日本の風土に合い、除草が楽で収穫量が多いこの方法は乾畓直播法を陵駕したとみられる。

江南直接ルート

イネは、南朝鮮経由ルートのほか、東シナ海を渡って直接、日本に伝わった可能性もある。田畑（二〇〇四）は、農学者の安藤廣太郎氏と民俗学者の柳田國夫氏が立ち上げた「稲作史研究会」（一九五二〜六二）において、イネの伝来に関して安藤氏が主張した意見を次のように紹介している。①イネ原産地はインド、インドシナ半島、中国広東地方であろう。②イネの呼称にｎを含む日本、朝鮮半島南部、江南、安南では、稲作の起源が同じだが、インドでは呼称が異なるので、独自に稲作が開始されたのではないか。③長江沿岸から華南に展開していた苗《みやお》族が稲作を行っていた。④江南の沖合を海流が東上、江南からの集団移動が容易である。⑤日本の稲作の起源地は江南と推定される。

江南から九州までの距離は約六〇〇キロあり、弥生時代から千年前後経過した遣唐使船でも度々遭難した。弥生時代に長江下流域から東シナ海を横断して日本に到達するのは不可能とする見方があるが、「海民の日本史」を著した西川吉光氏は、つぎの理由をあげて江南直接ルートの可能性を示唆している（西川二〇一六）。すなわち、①原始的な筏や丸木舟は復元力が高いので、東シナ海を渡りきることは決して不可能ではない。②舟山諸島の漁民の間には、沖に出て対馬海流に流されると三～四時間で男女群島が見え、さらに三～四時間すると五島列島に着くという伝承がある（図5）。

江南から誰がどのようにイネを日本に伝えたのか

「稲と鳥と太陽の道」（一九九六）の著者、萩原秀三郎氏は、写真家として水田稲作と文化習俗が日本と相似する中国少数民族の苗族を取材し、「春秋戦国期の戦乱を逃れるため、苗族が山東半島と朝鮮半島をへて、稲作を伝えた」と仮説した。その傍証となる苗族と日本人に共通する宗教観として、つぎの五点をあげている。①稲魂信仰があり、日本では天皇家の新嘗祭がこれにあたる。②豊作と収穫を意味する「ハレ」と、水が涸れる、また稲が枯れることを意味する「ケ」を重視した生活。③神の似姿として藁束を纏い、ハレを告げる来訪神があり、日本ではナマハゲがこれにあたる。④稲や人が「籠《こも》り」の後、再生する「擬死再生」に基づく儀礼・祭礼と「籠り」

終了を告げる神の出現。⑤これらの基礎として、イネの生長、収穫を司る太陽と太陽を導く祖霊のシンボルである鳥への信仰。

萩原氏が掲げた共通の宗教観に加え、日本文学研究者の工藤隆氏は、日本人と長江流域少数民族との間に風土や習俗に多くの共通点があることを指摘している(工藤二〇一九)。その共通点として、次をあげている。①山岳が多く、照葉樹木の植生が主となっている風土。②自然と密着した精霊信仰であるアニミズムと、アニミズムを基盤にした原始呪術であるシャーマニズムを中心とする宗教観。③アニミズム・シャーマニズムを背景にした神話世界。④高床式、掘立柱、千木、鰹木などで特徴づけられる建築様式。⑤茶、絹、ウルシ、柑橘、シソ、ワラビ、コンニャク、ヤマノイモ、カイコ、ムクロジ、ヤマモモ、ビワなどの一次産品。⑥焼畑、水田稲作、もち米、こうじ酒、納豆、なれずし、身体尺、鵜飼、歌垣(不特定多数の男女が配偶者や恋人を得る目的で集まり、即興的な歌詞を一定のメロディーに乗せて交わし合う、歌の掛け合い)、こま回し、闘牛、相撲、下駄などの習俗。

「龍の文明・太陽の文明」(二〇〇一)の著者、安田喜憲氏は、日本に稲作が伝来した契機となった出来事として、漢族と長江流域の非漢民族との抗争をあげている。すなわち、①七〇〇〇年前の中国は、北方の中原で畑作・牧畜を営み、父権制社会をもち、龍を信仰する漢族と、南方の長江流域で稲作・漁撈を生業とし、母権制社会をもち、太陽、鳥とともに生命の誕生と死を象徴する蛇を信仰する苗族などに二分されていた。②三〇〇〇年前以降の寒冷化の進行により、漢族が南下し、長江流域の稲作民を南西の山岳地帯へ追いやり、一部は東シナ海を渡って日本に渡来し、稲作をもたらした。

紀元前七七〇年から二二一年まで中国は春秋戦国時代にあり、群雄割拠の戦乱の時代であった。春秋時代、長江流域には非漢民族である、苗族を起源とする楚と、越族を起源とする呉および越の、稲作文明を担った三国があり、互いにこの地方の覇権を争っていた。長江下流域の呉と越の民は、水稲耕作に加えて漁撈も生業とし、航海に長けた海民であった。紀元前四七三年に越は呉を滅ぼし、北上して山東半島の南側、瑯琊《ろうや》に都を移し、この地は河北と華南を結ぶ貿易港として栄えた。しかし、その越も紀元前三三四年、楚に滅ぼされ、越王一族は東シナ海沿いの各地に分散、逃避した。長江流域の覇者となった楚も戦国時代の前二二三年に秦により滅ぼされた。これら三国の滅亡すべてに、漢民族の国が直接関与したわけではないが、寒冷化による漢族の南下が国間の抗争激化の背景にあったのであろう。滅ぼされた国の民はその地を離れ、滅ぼした国は領土が広がることにより、人とイネの移動が促されたと考えられる。

第四章　日本への稲作の定着と北進

日本最古の稲作資料

那須（二〇一四）は、縄文時代に稲作が行われていたとするいくつかの調査結果について、疑問を呈している。例えば、国内最古の稲作資料は、鹿児島大学構内遺跡（四四〇〇年前）のプラント・オパールとされているが、証拠としては不十分との見解を示している。また那須は、縄文時代後期にはイネの記録が増加しているが、真偽不明としている。例えば、①熊本県石の本遺跡出土の土器に稲籾の圧痕があると報告されているが、イネの同定に、②鹿児島県水天向《すいてんむかい》遺跡の稲籾圧痕土器については、イネの同定と土器の年代に、③岡山県南溝手遺跡の圧痕土器、土器胎土中のプラント・オパールについては、土器の年代とプラント・オパールをイネと同定した結果に、それぞれ疑問がある、としている。そのうえで、彼は、約二八〇〇年前の板屋Ⅲ遺跡出土の突帯文土器にはイネ籾圧痕が残されており（図8：岡田二〇一九）、これを日本最古の確実なイネ資料

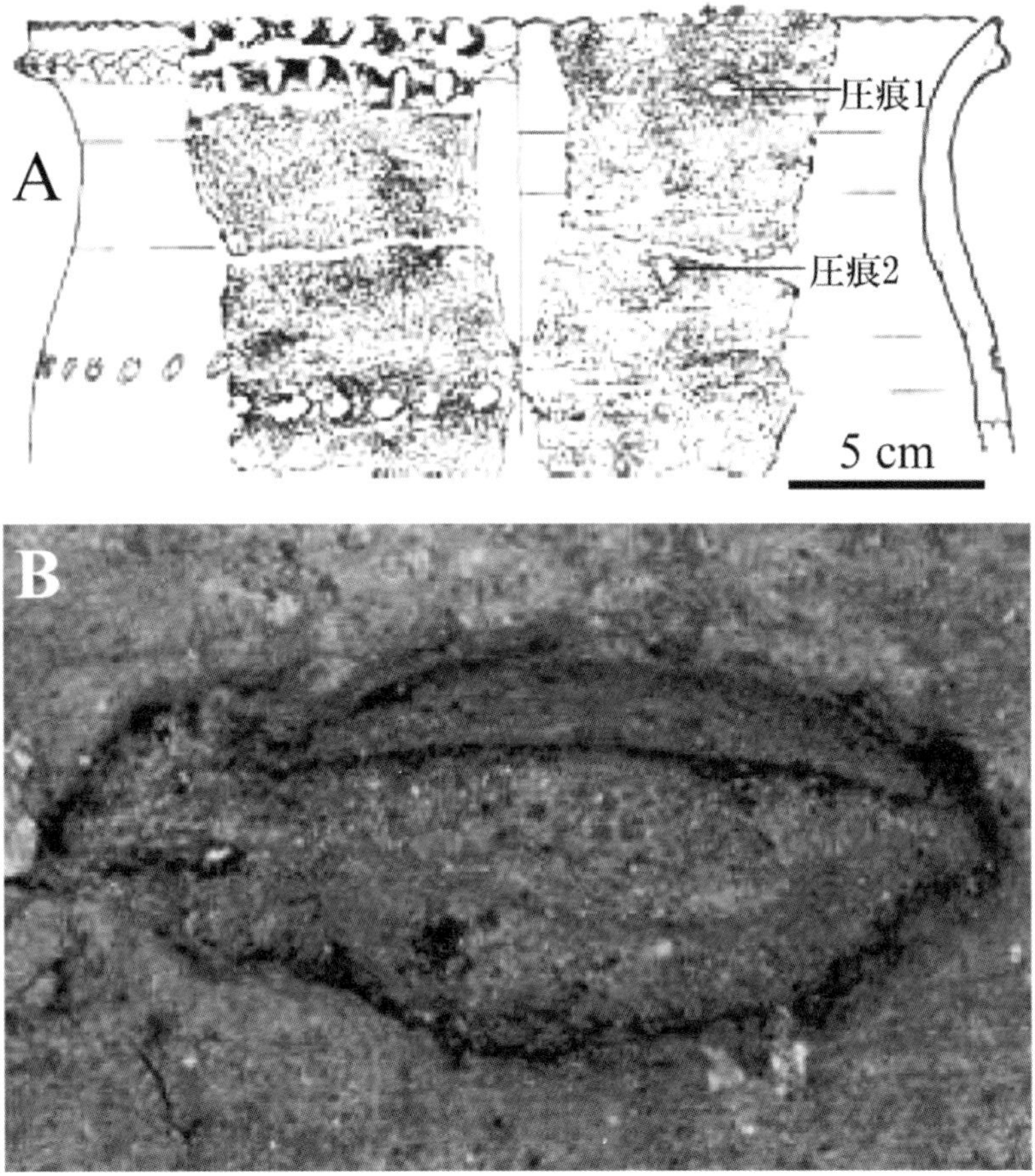

図 8　島根県板屋Ⅲ遺跡から発掘された突帯文土器にみられるイネ籾圧痕（A）とその拡大写真（B）（出典：岡田，2019）

とした。

一方、一九七九年に、日本最古の水田遺跡とされる菜畑遺跡が発見された。この遺跡では、佐賀県の海水が入り込まない干潟後背地に水路、堰、取排水口、木の杭や矢板を用いた畦畔《けいはん》など灌漑施設が設けられており、小規模な水田（一区画二〇～三〇平方メートル、総面積二一〇平方メートル）が営まれていた。縄文時代晩期末の土層から、石包丁、鍬、鎌などの農業用具や炭化米も出土した。炭化米の分析からジャポニカ種を含むこと、甕《かめ》の内面に付着した煮焦げの炭素14分析より較正年代が紀元前九三〇～八〇〇年との結果になった。

日本最古級の本格的な水田跡（一区画四〇〇～五〇〇平方メートル）として、福岡県板付遺跡があげられる。この遺跡では、福岡平野の御笠川と諸岡川に狭まれた低い台地に、整備された水田と環濠集落が発掘された。諸岡川から引き込まれた用排水路には井堰が設置され、土盛り畦畔で囲まれた水田には水口《みなくち》が設けられており、高度の土木技術により造成されたことがうかがわれる。

菜畑遺跡と同時代（縄文時代晩期後半）の宮崎県都城市の坂元A遺跡からも水田跡が発掘された。この遺跡は、用水を自然環境の水条件に頼る原初的な水田のタイプであり、長江下流の草鞋山遺跡の水田との共通性がある。このように、初期の水田には地形条件に応じて様々なタイプがあった。

弥生時代の始まりと年代決定法

「弥生時代」という名称は、東京都の弥生町遺跡で発掘された、縄文土器と異なる土器を「弥生式土器」と名づけたことに始まる。その後、板付遺跡から、弥生時代前期を示す「板付Ⅰ式土器」と灌漑施設のある水田跡が発掘され、この下の層から水田跡とともに炭化米、籾圧痕の付いた土器、磨製石器および縄文時代晩期を示す「夜臼《ゆうす》式土器」が発掘された。この結果は、水田栽培が縄文時代晩期から弥生時代に継承されていたことを示しており、弥生時代が「日本における稲作の時代」として認識されていたことから、水田栽培が行われていた縄文時代晩期を「弥生時代早期」と位置づけなおすきっかけになった。

弥生時代の開始を告げる遺物の実年代はいつなのか。近年、「放射性炭素年代測定法」がその年代決定に使われるようになってきた。この測定原理は次の通りである。①大気や生物には、放射性の炭素14がごく微量含まれている。②生物が生きているときは、生物中と大気中の炭素14の濃度は同じであるが、死ぬと新しい炭素は取込まれなくなるので、生物内の炭素14は一定の割合（半減期五七三〇年）で減少していく。③生物起源の遺物の中に残っている炭素14の濃度を測れば、その生物が死んだ年代を算出できる。④しかし、過去の大気中の炭素14の濃度は一定ではないので、樹木の年輪などから過去の大気中の炭素14濃度を推定し、ずれを修正して実年代を求める（暦年較正)。測定方法は、炭素14が壊変する際に放出されるβ線を検出する方法と、炭素原子をイオン化して加速し、炭素14を計数するAMS(Accelerator Mass Spectrometry)法があり、一ミリグラム以下の試料でも測定できる後者が普及しつつある。

従来、弥生時代開始期、つまり水稲耕作開始の年代は、出土した土器を指標にした年代推定法により紀元前五世紀頃とされてきたが、国立歴史民俗博物館の研究グループは、おもに土器に付着した煮こげ、吹きこぼれ、ススといった炭化物をAMS法により分析したデータにより、弥生時代の開始期を紀元前一〇世紀頃まで遡らせた(藤尾ら二〇〇五)。しかし、この年代を適用すると、日本に鉄器が入ってきた時期も紀元前一〇世紀頃となり、中国で鉄器が使われだした紀元前七世紀とは合わなくなる(池田二〇一一)。また、土器に付着した炭化物を測ると、年代が古く出る傾向があることも指摘されている(安本二〇一一)。その理由として、つぎの二点が考えられる。①土器に付着した炭化物は多孔質で空孔が多いため、有機物の分解産物であるフルボ酸やフミン酸など他物質による汚染を受けやすく、かつ、分析試料の量が少ないため、少しの汚染でも大きな影響を受ける。②海水は崩壊が進んだ古い時代の炭素(炭素14濃度が低い)をため込んでいる(海洋リザーバー効果)ため、海岸に近い遺跡から出土した土器に付着する炭化物は古い炭素年代を示すことが多い。

遺物の炭素14法を客観的な年代決定法として位置づけるには、分析試料の選択や環境中の炭素

14基準値の地域的、時間的な変化などまだ課題がある。この他、紀元前七五〇年ころに大気中の炭素14濃度が急増し、その後、前四〇〇年ころにかけて戻る現象があり、暦年への較正が難しくなる問題（二四〇〇年問題）もある。このように、考古学資料の実年代推定法には課題が残されており、水田稲作の開始と拡大の年代は今後、変わる可能性がある。

プラント・オパール

植物が取り込み細胞壁に蓄積した珪酸が土壌中に堆積したプラント・オパールは、保存性、耐熱性が高い。このため、土器の胎土中にもプラント・オパールが残存することがある。これを検出すれば、その植物が土器製造当時に存在したことを証明できるとされている（藤原一九九八）。しかし、甲元ら（二〇〇三）は、プラント・オパールは微小であり、生物撹拌などによる土壌中での移動、他地域からの飛来、素焼土器表面からの浸透が可能であり、プラント・オパールのみの資料でその植物の存在を断定することは危険であること、穀物栽培の有無を判断するには、穀物自体を検出するか、土器に付着した穀物圧痕を発見する必要があることを指摘した。

稲作の定着と北進

福岡県板付遺跡や佐賀県菜畑遺跡などの考古学的調査の結果から、稲作の最初の伝来地は北九

表 2　日本各地別最古のイネ遺跡

推定年代 ^{14}C BP	九州	山陰	瀬戸内 四国	近畿	北陸	東海	中部 高地	関東	新潟	東北
3000～2800	↔ 菜畑 坂元A									
2800～2700		← 板屋Ⅲ	上東中嶋 上郷	口酒井 →						
2700～2600							↔ 石行			
2600～2500					↔ 御経塚					
2500～2400						↔ 大西				
2400～2300								← 中屋敷	和泉A	生石Ⅱ 砂沢 →

2016 年 12 月時点で各地域において最古のイネ資料と認められた遺跡名をあげ、地域の範囲を両矢印で示す。中沢（2017）を改変

州であり、南朝鮮を経由して水田稲作が伝来したとこれまで考えられてきた。これに対し、南九州から発掘された水田遺跡の土器は、それより二〇〇～三〇〇年新しく、北部九州から南九州への稲作の伝播が二、三〇〇年を要したと信じられてきた。しかし最近、鹿児島県志布志市小迫遺跡から北部九州とほぼ同じ年代の炭化米がみつかった（小畑ら二〇二二）。中沢（二〇一七）も、九州最古のイネ遺跡として二八〇〇～二七〇〇年前の鹿児島県の上中段遺跡をあげている。このように、南九州でも最古級のイネ資料が得られている。

　水稲の温帯ジャポニカが日本に最初に伝わった年代を三〇〇〇～二八〇〇年前

とすると、それより若干新しい二八〇〇～二七〇〇年前のイネ資料が岡山県の上東中嶋、愛媛県の上郷、兵庫県の口酒井の各遺跡から続々と発見された（表2）。このことは、二八〇〇～二七〇〇年前ころには九州から近畿地方にかけて稲作がすでに開始されていたことを示している。このような水田稲作の広がりは国立歴史民俗博物館の藤尾慎一郎教授により報告されている（藤尾二〇一四）。教授は、土器に付着した炭化物の炭素14分析に基づき、水田稲作拡大の過程をつぎのように推察している。①水田稲作は前一〇世紀後半に玄界灘沿岸地域で始まり、前八世紀末葉には筑後など玄界灘沿岸地域の周辺でも始まった。②前七世紀に入ると九州を出て鳥取平野から中部瀬戸内を通り高知平野を結ぶ線を東限とする範囲まで広がった。③その後、五〇年ぐらいの間隔で大阪湾沿岸、奈良盆地・伊勢湾沿岸において次々に稲作が始まった。

中部日本以東の各地域における最古のイネ資料として、二七〇〇～二六〇〇年前の長野県石行遺跡、二六〇〇～二五〇〇年前の石川県御経塚遺跡、二五〇〇～二四〇〇年前の愛知県大西貝塚と、年代が進むにつれて稲作は東進した。二四〇〇～二三〇〇年前には神奈川県の中屋敷遺跡、新潟県の和泉A遺跡、山形県の生石Ⅱ遺跡と一気に関東から東北まで北進した。青森県弘前市の砂沢遺跡は、弥生時代前期（約二三〇〇年前）の本州最北端最古の水田跡遺跡として知られている。「砂沢式」と呼ばれる縄文時代から弥生時代を繋ぐ標式土器とともに、北部九州を起源とする遠賀川《おんががわ》系土器が出土しており、九州の稲作農耕が日本海沿岸を経由して津軽平野へ伝播してきた

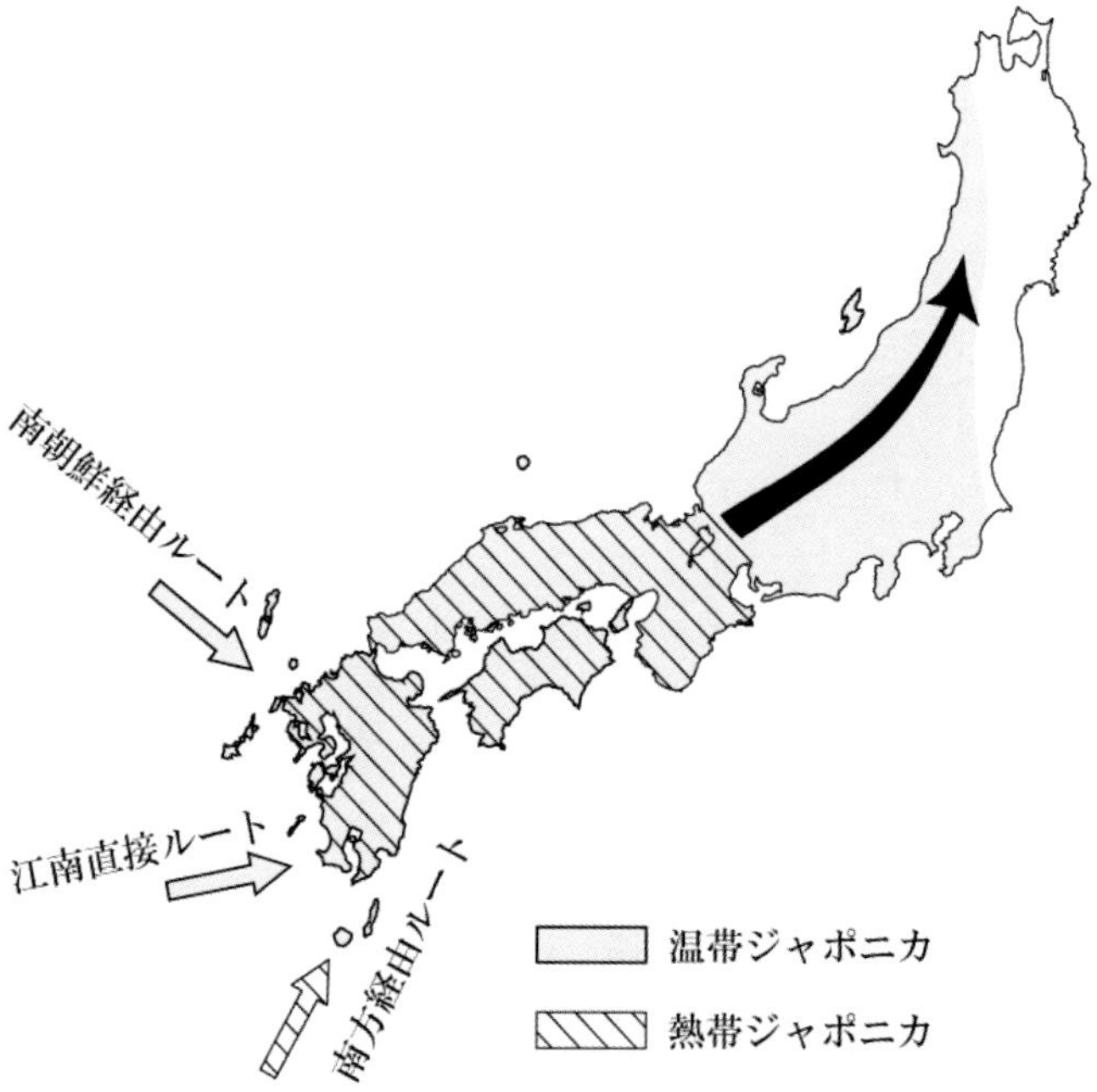

図９　国内への温帯ジャポニカと熱帯ジャポニカの伝来および温帯ジャポニカ系統の東北地方への北進（出典：佐藤，1992）

ことが分かった。

佐藤洋一郎博士は、以下の段階をへて稲作が拡大、北進したと考えた（図９：佐藤一九九二）。すなわち、①最初に、熱帯ジャポニカが南西諸島を経由して日本に渡来し、陸稲環境で西日本に分布していた。②つぎに、縄文晩期に温帯ジャポニカが渡来し、水田稲作が西日本に広まった。③両ジャポニカは自然交配により雑種を形成した。④温帯ジャポニカの系統が東に分布を拡大し、さらに両ジャポニカの交雑から生じた早生種が東北に進出した。イネの東北への進出には、長日（日照時間が長くなる）条件においても短期間に花を咲かせ、収穫までの期間が短い早生《わせ》化が不可欠である。水稲の温帯ジャポニカ晩生品種が九州に渡来したのが二九〇〇年前ころ、青森県のイネ遺跡の年代が二三〇〇年前とすると、六〇〇年程度で九州から青森まで稲作が拡大したことになる。佐藤博士は、このような期間で晩生から早生への突然変化が起きたとは考えられないこと、温帯ジャポニカと熱帯ジャポニカ（どちらも晩生）を交配実験したところ後代に早生が出現したことから、雑種形成により早生化し、東北地方に稲作が伝播したと結論した。

西川（二〇一六）は、日本列島における稲作の伝播ルートと伝播の早さについて、つぎのように分析した。①九州北部から出雲へ、出雲から越《こし》（新潟）へと広がった日本海ルートでの伝播速度が速かった理由として、対馬暖流の流れと温暖さ、夏季の雨量の多さ、古代の日本海沿岸に潟港《せき》と呼ばれる天然の良港が多数見られることがあげられる。②太平洋側では、遠賀川から瀬戸内に入り吉備〜近畿へと向かうルートと、豊後水道から外海へ出て土佐、紀伊、伊勢、濃尾平野へと向かうコースが考えられるが、主流は前者とみられる。③九州から東北地方まで初期の水田稲作の遺跡は、海からの進入に都合のよい入り江や湾から河川を遡って到達できるところに多いことから、稲作民が舟船を利用し、水田適地を探索し、稲作を広めた。

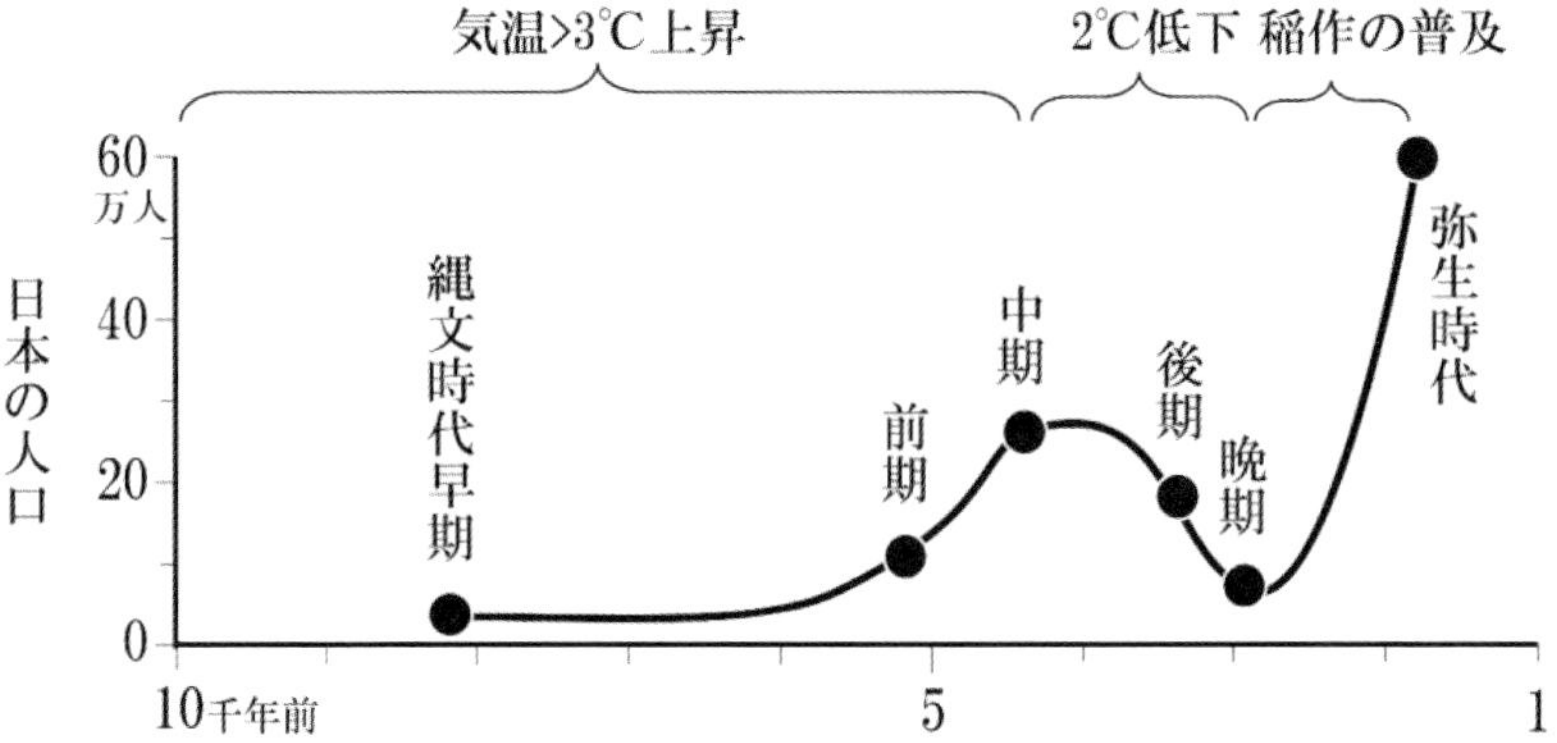

図10　縄文時代早期から弥生時代にかけての日本の人口推移（出典：鬼頭, 2007）

人口の推移と「縄文度合い」

鬼頭（二〇〇七）は、遺跡数をもとに縄文時代・弥生時代の人口を推計した（図10）。現在より一万年前から六〇〇〇年前にかけて気温が約三℃上昇した結果、東日本ではブナを中心とする冷温帯落葉樹林からコナラ、クリを中心とする暖温帯落葉樹林に、西日本ではカシ、シイの常緑照葉樹林に変化した。暖温帯落葉樹林は木の実の生産性が高く、東日本を中心に日本の人口は、縄文時代早期の八一〇〇年前、約二万人から縄文時代中期、四三〇〇年前には二六万人まで急増した。その頃から気候は寒冷化し始め、二九〇〇年前の縄文時代晩期には現在より一℃以上低くなり、暖温帯落葉樹林の後退による人口扶養力の衰退とともに、大陸からの人口流入に伴う疫病の蔓延により、日本の人口は八万人まで大きく減少したと推測されている。しかしその後、稲作農耕の普及と国家の形成に伴って、一八〇〇年前の弥生時代には五九万人へと人口が急増した。

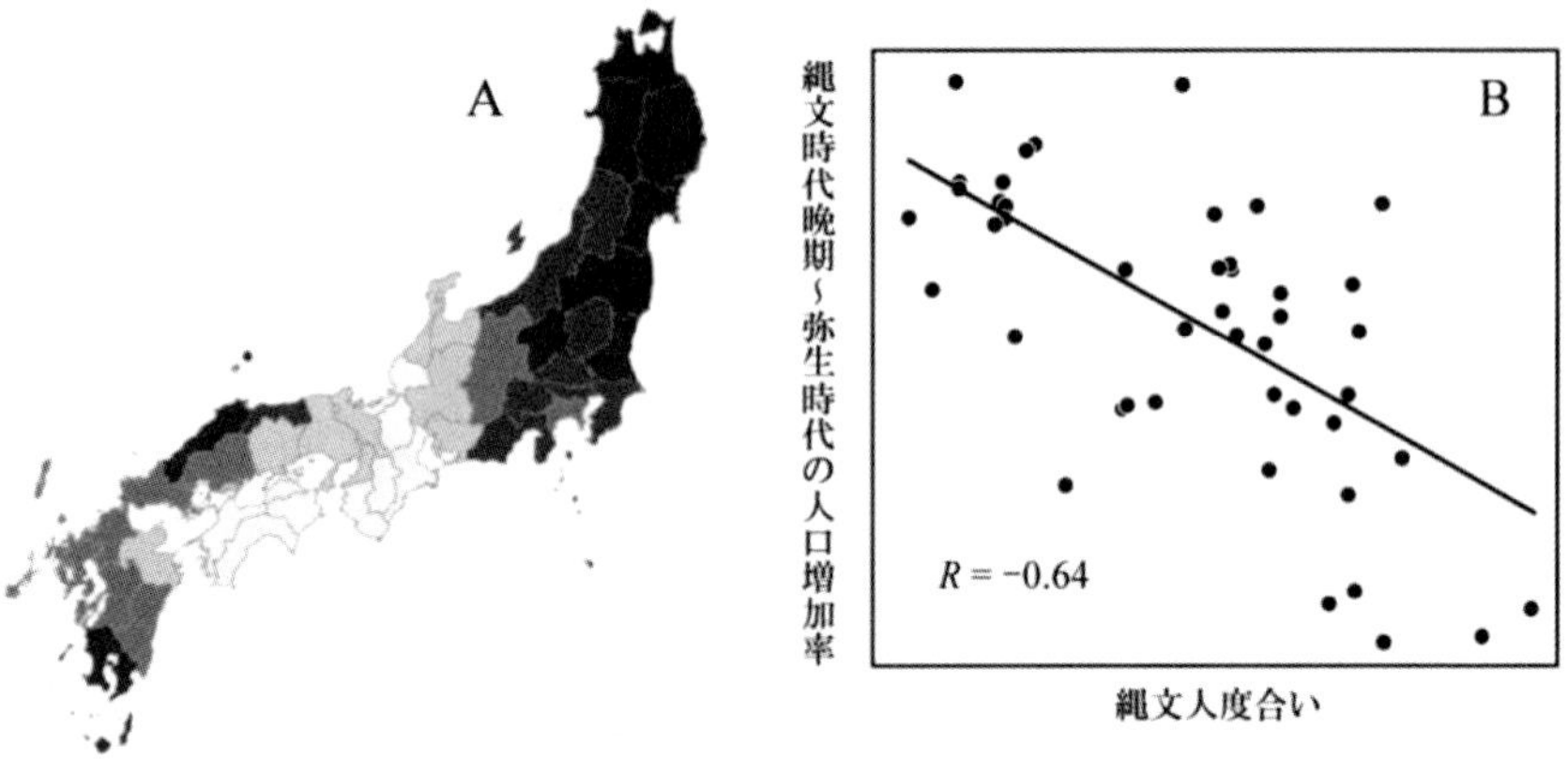

図 11　現代の日本本土における「縄文人度合い」の地理的分布（A，濃いほど「縄文人度合い」が高い），および，「縄文人度合い」と縄文時代晩期から弥生時代にかけての人口増加率との関係（B）（出典：Watanabe & Ohashi，2023）

佐藤（一九九二）は、縄文時代晩期に温帯ジャポニカによる水田稲作が伝来する以前に、南西諸島を経由して熱帯ジャポニカが渡来した可能性を指摘している。しかし、熱帯ジャポニカの稲作は、粗放的な畑作が多く、水田稲作と比べ収穫量がはるかに少なかった。熱帯ジャポニカが関西まで広まっていたとしても、狩猟・採集生活の補助の域を出ることはなく（河野二〇二一）、食生活や経済に大きな影響を与えなかったのではないだろうか。縄文時代中期から晩期にかけて日本の人口が減少の一途をたどったことは、この推理の妥当性を示している。

東京大学の渡部特任助教と大橋教授は、現代日本人の各個人のゲノムのうちどの程度が縄文人系祖先に由来しているかを「縄文人度合い」として数値化し、一万人のデータを地域別に比較した（Watanabe & Ohashi 二〇二三）。その結果、①縄文人度合いは東北や関東の一部および鹿児島県や島根県などで高く、四国や近畿の各県で低い（図11A）といった地域的多様性は、先史時代の地域間の縄文人と渡来人の混血の程度の違いにより生じたこと、②縄文時代晩期から弥生時代にかけての人口増加率が高かった地域の集団ほど、現代において縄文人度合いが低い（図11B）ことが分かった。縄文人度合いが低い、すなわち渡来人の割合が高いほど人口増加率が高かったのは、渡来人が生産性の高い稲作を生業としていたからではないだろうか。稲作が伝わった九州における縄文人度合いが比較的高いのは、渡来人の集団が長くその地にとどまらず、他地域に移動したことを示しているのかもしれない。

第五章　稲作と天皇

古事記と日本書紀

本格的な稲作が始まった弥生時代から天皇（「天皇」という称号は七世紀頃に使われはじめ、それまでは「オオキミ」と呼ばれていた）によるヤマト王権が始まった三、四世紀の間に、どのような歴史があったのだろうか。その内容を知る手がかりが古事記と日本書紀にある。両書は、現存する日本最古の歴史書で、まとめて「記紀」と呼ばれている。

古事記は、六八六年に没した天武天皇が、天皇の系譜を記した「帝紀」と説話や伝承を記した「旧辞」を稗田阿礼に暗唱させ、その内容を太安万侶が書き起こし、七一二年に完成した。本書は、漢字と万葉仮名を使い、個人の伝記が記されており、国内向けとみられている。一方、日本書紀は、天武天皇が舎人親王らに編纂を命じ、七二〇年に完成した国の正史である。本書は、起こった事柄が年代順に漢文で書かれており、外国向けである。

記紀は、政権の正統性を神話を通して主張している。その神話については、虚構とする説と、史実をある程度反映したとする説がある。西川（二〇一七）は、後者の立場にたった理由をつぎのようにあげている。①記紀の目的が天皇家の正統性を高めることにあるならば、皇祖が大和に降臨し、この地から支配地を広げて日本を統治したとする方が理にかなっているが、天孫降臨・神武東征神話はそのようになっていない。②天皇家の祖先が蛮族とされた隼人の祖先と姻戚関係にあった（ニニギノミコトが阿多隼人の娘と結婚した）としている。③日本書紀では一つの記述に留まらず多くの異説を取り上げている。西川氏は、日本神話が支配者側に都合の良い一方的な記述や構成にはなっていないことから、史実とは同義ではないものの、当時の豪族の史実を反映した伝承を記録に留めたものと評価している。

三大神勅

三大神勅は、天皇の祖神であり太陽をつかさどる女神、アマテラス（天照大御神）が、降臨した孫のニニギノミコトに授けたお告げであり、日本書紀に記されている。「天壌無窮《てんじょうむきゅう》の神勅」は、「日本は私の子孫が天皇となる国、その皇位は永遠に栄えるでしょう」との内容であり、「日本」を「豊葦原千五百秋瑞穂國《とよあしはらちいおあきみずほのくに》」（いつまでも豊かな稲穂が実る国）と表現している。第二の神勅「宝鏡《ほうきょう》奉斎《ほうさい》の神勅」は「この鏡をわたし（アマテラス）だと思いまつりなさい」、第三の「斎庭稲穂《ゆにわいなほ》の神勅」は「私が高天原で育てた神聖な稲穂をあなたに授けましょう」との内容である。安藤（一九九二）は、斎庭稲穂の神勅について「高天原から地上に神聖な稲を届けたので、穀霊たる天皇は稲種を散布し、天皇のもっとも基本的な職能である稲の司祭としての役割を果たしなさい」との意味があると説明している。これらの神勅は、国を治めて繁栄させる基本が稲作にあることを暗示している。

稲に関する宮中祭祀として、年穀豊穣を祈願する二月一七日の祈念祭、天皇が伊勢神宮を遙拝し、新穀を供え、神恩を感謝する一〇月一七日の神嘗祭、天皇がその年に収穫された新穀を神々に供え、自らも食する一一月二三日の新嘗祭、および新天皇が即位後、初めて行う新嘗祭である大嘗祭は斎庭稲穂の神勅に由来している。大嘗祭では、新天皇は稲の神の子として皇位を継承したことを宣言する（工藤二〇二〇）。

このように、稲作は当時の社会における最重要の生業、つまり国の根幹となる産業であるとともに、文化・精神・宗教の中心に置かれていた。天皇は稲作に関する祭祀の最高権威であった。

天皇の故郷

それでは、なぜ天皇は稲祭祀の最高権威になりえたのであろうか。工藤（二〇一九、二〇二〇）は、長江流域からの渡来人が稲作を伝え、この集団から天皇制が生じたと考えた。その根拠をつぎのように挙げている。①古代の日本と朝鮮半島は基層文化が異なるが、長江流域の少数民族と日本は照葉樹林文化帯に特徴的な宗教観、世界観、建築様式、習俗を共有している。②記紀の「万世一系」の天皇系譜は、長江流域少数民族文化の、神々に発して現在の自分までを語る系譜と同系統である。③大嘗祭は、天皇が縄文・弥生時代にまでさかのぼる新嘗儀礼の継承者であることを示している。一方、西日本では縄文文化と弥生文化が併存する遺跡が存在していることを指摘している。この事実は、稲作が縄文人に受け入れられてきたことを示唆しているのではないだろうか。

安田喜憲氏は、「龍の文明・太陽の文明」において、古事記に記された日本神話の故郷が南九州であることから、王権の系譜を考察している。その内容は、①神話では、稲を育てる太陽神アマテラスの孫のニニギノミコトが高天原から鹿児島県の笠沙にやってきたこと、ニニギノミコトの孫が九州東岸から東征し、大和に入って初代天皇、神武天皇に即位したこと、が述べられている、②これらの記述は、長江下流域の農民が南九州に来て、稲作を定着させ、勢力を得て大和で政権を樹立したことを暗示している、というものである。

李（二〇〇六）も、天皇の出自を長江下流域の越人と推察し、その根拠としてつぎの三点を挙げている。①ニニギノミコトは、日本書紀では「瓊瓊杵尊」と記されている。その字義により、ニニギノミコトは「長江下流域特産の「鶏血石」である赤玉（瓊）製の臼突き棒（杵）を手にニギっている稲作の豊饒神」と解釈できる。②長江下流域の越族は玉文化を有しており、宮崎県串間市の王乃山の石棺から出土した玉璧と中国広州市の南越の王墓から出土した玉璧は、いずれも稲作と太陽神崇拝をモチーフとしており、酷似している。③ニニギノミコトと子供三人の名前に「火」の越語音「ホ」を入れている（アマツヒコヒコ**ホ**ノニニギノミコト、**ホ**デリノミコト、**ホ**スセリノミコト、**ホ**ヲリノミコト）。これらより、李は、ニニギノミコトの「天孫降臨」が、越滅亡から秦の中国統一時期にあたる紀元前四～三世紀に、越族の稲作民が長江下流域から九州に渡来したことを意味する、と考えた。

日本における稲作文明の誕生

水田を用いた温帯ジャポニカの栽培が長江流域から日本に伝わった後、稲作は日本の文化・社会にどのような影響を及ぼしたのであろうか。中村（二〇〇九）が提唱した中国における野生イネの採集から「稲作文明」の誕生にいたる七段階の過程を日本についてみると、約六六〇〇年前に中国で確立した水稲栽培技術がほぼ完成された状態(表3の④)で約二九〇〇年前に日本に入り、二七〇〇年前には九州から近畿まで広がった(表2)。このような稲作の広がりは、⑤稲作中心の生活や文化の形成をもたらしたに違いない。中国では「稲作文化の形成」から第七段階「稲作文明」の誕生（都市と国家の創出）まで一〇〇〇～一五〇〇年を要している。「漢書」地理誌に倭が百余

表 3　イネ採集から稲作文明に至る過程（①～⑦）の年代（BP，年前）の日中比較

7 段階の過程	中国	日本
①野生イネの採集	>10000	ー
②野生イネの播種	10000~8000?	ー
③栽培イネ形質の出現	7900~7000	ー
④栽培イネ形質の確立	6600~	2900
⑤「稲作文化」の形成	6500~6000	2700
⑥「稲作社会」の成立	6000~5500	?
⑦「稲作文明」の誕生	5000	2000

出典：7 段階の過程は中村（2009），中国における年代は那須（2014）を参照

国に分かれているとの記載があり、その年代が紀元前後と推察されている。国家の創出は⑦「稲作文明」の誕生を意味する。したがって、日本では「稲作文化」の形成から「稲作文明」の誕生まで、七〇〇年前後で到達したことになり、稲作が速やかに広がり、古代日本の国々を生みだす原動力になったことがうかがわれる。

第六章　邪馬壹国からヤマト王権へ

倭国と邪馬壹国の歴史

張（二〇一三）は、中国出身の漢字学者として、中国古文献にある「倭」、「委」、「壹」および「臺」の意味を漢字学の見地から検討し、つぎの結論を得た。①「倭」（読みは yi、yui、yua、wa）という文字は黥面文身《げいめんぶんしん》（顔と体の入墨）を特徴とした越人中の民族を指している。②「論衡《ろんこう》」（八〇年）の記述、「成王（紀元前一一一五～一〇七九年）の時・・・倭人暢（ウコンソウ）を貢す」中の「倭人」は長江下流域に定住していた越族の中の集団である。③「山海經《せんがいきょう》」（紀元前四～三世紀頃）の記述、「蓋国は鉅燕の南、倭の北に在り、倭は燕に属す」中の「倭」は朝鮮半島内の集団である。④八二年に編纂された「漢書」の記述、「楽浪海中に倭人あり」および「（四年に）東夷の王は大海を度りて國珍を奉じ」中の「倭人」および「東夷の王」はそれぞれ、日本国内の集団、その王を意味している。⑤「委（yi、ヰ）」は「倭」と同音で、蛇の入れ墨を意味するが、おもに国名に用いられた。⑥「邪馬壹國」の「壹」は、「倭」と同音であり、「魏志」倭人伝に記された「邪馬壹國」は日本名で「ヤマ」と称される地方の倭人の国を意味する。⑦「後漢書」東夷伝に記された「邪馬臺國」の「臺」は、美称の「大」をつけた「大倭（タイヰ）」に由来し、「タヰ」の音を表す。このように、張は「長江流域に住んでいた呉越人中の倭人の集団が、春秋戦国~漢時代の戦乱時に、稲作を携えて、直接あるいは朝鮮を経由し、九州に渡来した。倭人の国、倭国には集落としてのいくつかの国があり、そのうちの一国が邪馬壹國=邪馬臺國である」と推論した。

東アジアにおける倭人の移動は、崎谷（二〇〇九）によるY染色体ハプログループ（共通の遺伝的祖先を持つ人々が共有するＤＮＡの特徴や変異を持つ集団）の分析によっても支持されている。すなわち、ハプログループのO1b系統は、かつては長江文明の担い手であったが、長江文明の衰退に伴い、一部のO1b 2（二〇一五年一一月以前はO2bと呼称）が長江下流域から北方の山東半島を経て朝鮮半島、日本列島へ渡ったとしている（図12）。

九州に渡来した倭人が建てた国は、紀元前後には百余国にのぼったが（「漢書」地理誌）、二世紀半ばには三〇国あまりにまとまった（「魏志」倭人伝）。その中で、邪馬壹国はひときわ勢力が大きかったがため、「大きい倭（壹）」と呼ばれたのであろう。

「魏志」倭人伝には、①倭国では二世紀後半に戦乱（倭国大乱）が起こったが、倭国の国々は、邪馬壹国の卑弥呼を国王にたてて乱をしずめた、②二三九年、卑弥呼が魏に使者を送った、③二

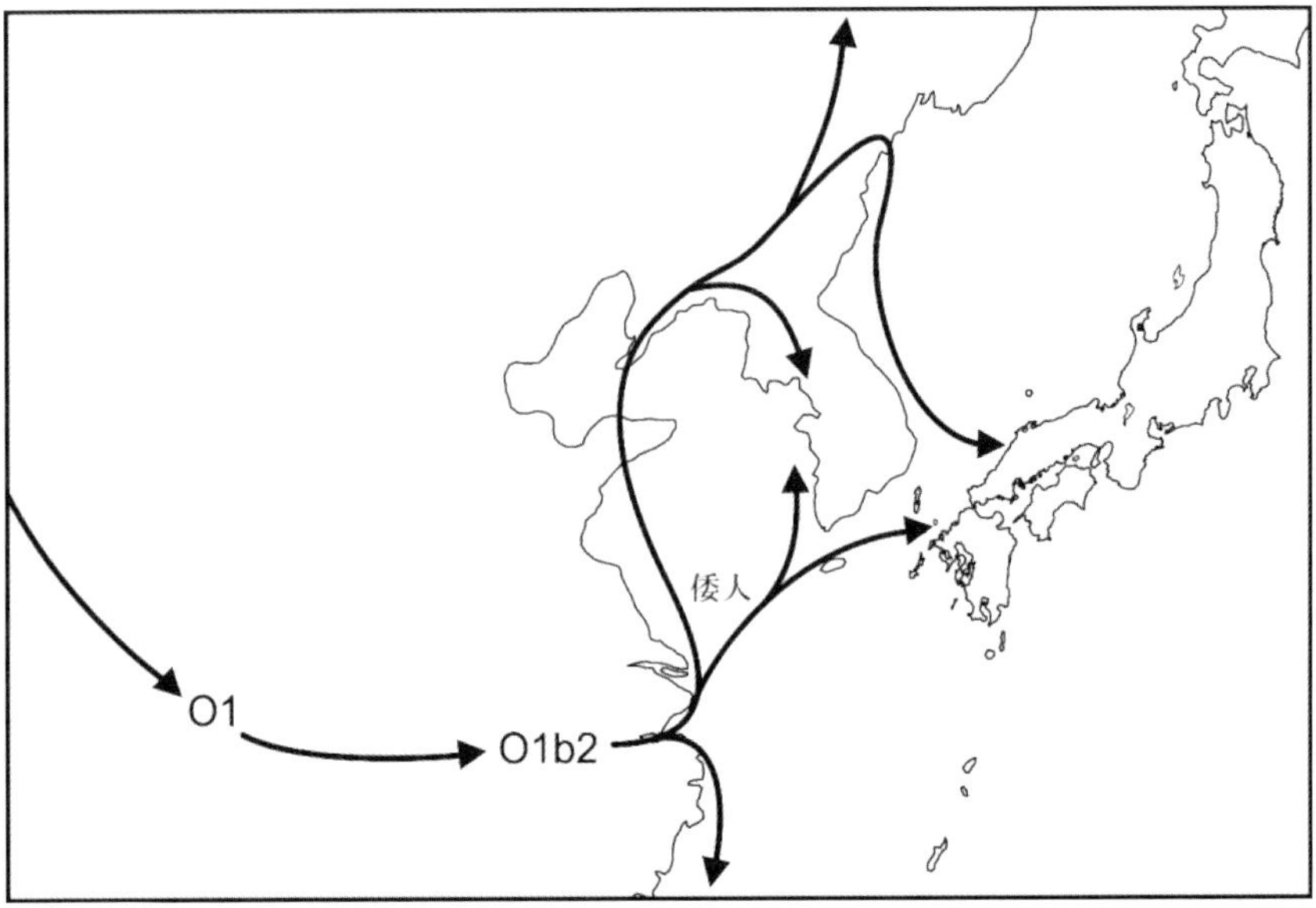

図12　東アジアにおけるY染色体ハプログループO1b2系統の移動（出典：崎谷，2009）

四八年ころ、卑弥呼が死去し、その後、男王が王位についたが倭国は治まらず、卑弥呼の宗女、壹與《いよ》（臺與《とよ》）が女王となってようやく治まった、と記述されている。その後、二六六年に西晋に遣使したとの記録後、邪馬壹国は歴史書から姿を消した。

邪馬壹国の位置

邪馬壹国はどこにあったのか、多くの人々の関心を引いてきた。「魏志」倭人伝に朝鮮半島の帯方郡《たいほうぐん》から邪馬壹国までの行程が記述されている。この行程のなかで、帯方郡を出発した魏の使者は、朝鮮半島南部の狗邪韓国《くやかんこく》から出港し、対海国《つかいこく》と一大国《いちだいこく》を経て末盧国《まつらこく》に上陸した。対海国、一大国、末盧国の比定地はそれぞれ、対馬、壱岐、佐賀県松浦市とされている。松浦は伊万里湾の沿岸にあり、湾最奥部には縄文時代より天然の良港として黒曜石の積み出しに使われていた伊万里港がある。魏の使節はこの地に上陸し、伊都国《いとこく》を目指したのであろう。

一行は女王国の応接所があった伊都国に滞在した。その後、邪馬壹国に着くまでに、奴国《なこく》、不弥国《ふみこく》、投馬国《とうまこく》があり、奴国と不弥国には行程が「里」で、投馬国と邪馬壹国には日月単位で記されている。「魏志」倭人伝では「短里」の一里、約七六メートルを採用していたとみられる。

「魏志」倭人伝には、末盧国から邪馬壹国までの行程とそれぞれの国の戸数、特徴がつぎのように記されている「・・・末盧國 有四千餘戸 濱山海居 草木茂盛 行不見前人 好捕魚鰒 水無深淺 皆沉没取之 東南陸行五百里到伊都國・・・有千餘戸 丗有王 皆統屬女王國 郡使往来常所駐 東南至奴國 百里・・・有二萬餘戸 東行至不彌國百里・・・有千餘家 南至投馬國水行二十日・・・可五萬餘戸 南至邪馬壹國 女王之所都 水行十日陸行一月・・・可七万餘戸（以下、現代語訳は「塚田敬章」を改変／末盧国には四千余戸があり、山と海すれすれに沿って住んでいる。草木が盛んに茂り、行く時、前の人が見えない。魚やアワビを好んで捕り、水の深浅にかかわらず、皆、潜ってこれを取っている。東南に陸上を五百里行くと伊都国に到着する。伊都国には千余戸ある。代々、王があり、皆、女王国に従属している。帯方郡の使者が往来し、常駐する所である。東南に百里で奴国に至る。二万余戸がある。東行して百里で不弥国に至る。千余りの家がある。南に

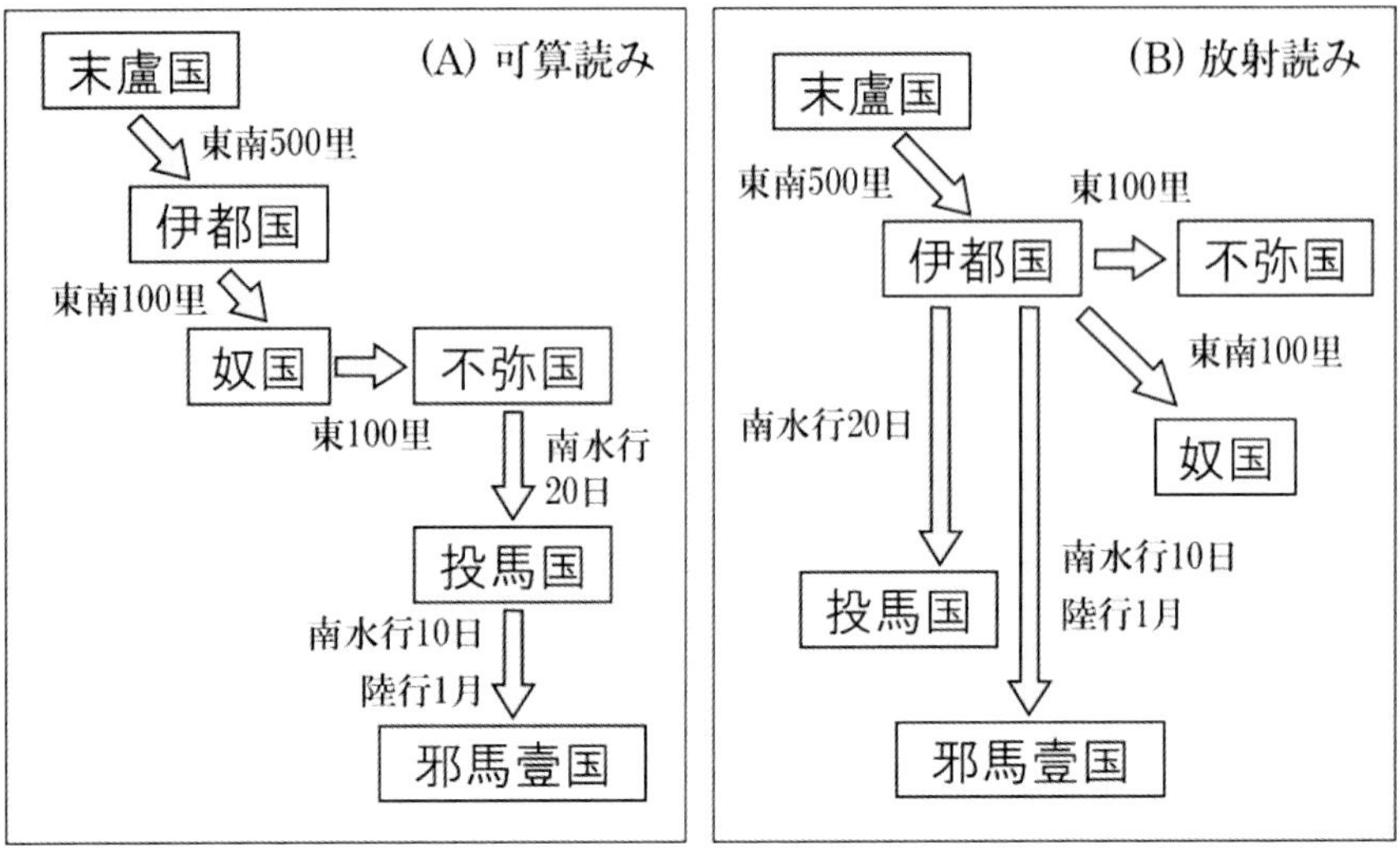

図 13　「魏志」倭人伝に記された末盧国から邪馬壹国までの行程に関する 2 通りの解釈，可算読み（A）と放射読み（B）

水行二十日で投馬国に至る。おおよそ五万余戸ある。南、邪馬壹国に至る。女王が都する所である。水行十日、陸行一月かかる。おおよそ七万余戸ある)」。この行程の記述をめぐり、さまざまな解釈がされ、邪馬壹国の候補地として、今まで八〇カ所以上が提案されてきた。

行程の解釈には、大きく二通りある。一つは「可算読み」で、伊都国から奴国、不弥国、投馬国の三カ国を経由して邪馬壹国に至る読みである（図13A）。もう一つの「放射（平行）読み」は、伊都国を起点にして各国へ直接、向かう読みで（図13B）、東京大学の榎一雄教授が提唱した。

候補地を大きくみれば、北九州を中心とした九州説と奈良盆地を中心とした近畿説に分けられ、両説の間で論争が繰り広げられてきた。日向の宮崎平野とする説も存在するが、有力な説になっていない。これらの説をつぎに説明する。

近畿説

「魏志」倭人伝を「可算読み」すると、不弥国から南の方向に、船と徒歩でそれぞれ一カ月で邪馬壹国に到達する。近畿説では、方向を東の誤りとみる。

近畿説では、奈良盆地の一角、奈良県桜井市の三輪山の北西麓一帯にある纒向《まきむく》遺跡を有力な候補地としている。近畿説の根拠はつぎの通り。①纒向遺跡の年代は三世紀が中心である。②東海、山陰・北陸、吉備、関東など他地域の広い範囲から搬入された土器が高率（全土器の二〇％強）で出土しており、この地に各地を支配する大きな勢力があったことを示唆している。③二〇〇九年、纒向遺跡で大型建物跡が発掘された。④纒向遺跡内の箸墓《はしはか》古墳の規模（墳丘長二八〇メートル、後円部径一六〇メートル）が、卑弥呼が死んで径百余歩（当時の一歩を二五センチとする説と一四五センチとする説がある）の墓を造ったとした「魏志」倭人伝の記述に符合し、古墳築造の年代も二五〇年前後で、卑弥呼の没年に重なっている。⑤畿内の古墳より、魏より贈られた三角縁神獣鏡を主とした鏡が多数、出土している。

他方、つぎの理由から邪馬壹国近畿説を否定する意見もある。①纒向遺跡の年代は四世紀が中心である。②箸墓古墳の築造年代も卑弥呼の没後三〇〜一〇〇年ほど経過している。③箸墓古墳の被葬者は第七代孝霊天皇の皇女であるヤマトトトヒモモソヒメ（倭迹迹日百襲姫命）と日本書紀に記述されている。④三角縁神獣鏡は中国から出土しておらず、魏の鏡ではない。

北九州説

伊都国から三カ国を経て邪馬壹国に到達する「可算読み」を採用すると、九州南方の洋上に出てしまう。「放射読み」であっても、伊都国からせいぜい一〇〇キロ程度の行程に「南水行十日、陸行一月」は日数がかかりすぎる。「魏志」倭人伝では、帯方郡より女王国までの総距離を一万二千余里と記述している。これから帯方郡から伊都国までの距離一万五〇〇里を引くと、伊都国・女王国間は一五〇〇里（約一一四キロメートル）となる。北九州説の多くは、こちらを採用している。九州北部では、「魏志」倭人伝において卑弥呼の居所の特徴として記述された楼観や城柵を備えた吉野ヶ里遺跡など三世紀後半の大規模な環濠集落が存在すること、魏や西晋の紀元三〇〇年以前の鏡が福岡県中心に出土していることも北九州説の根拠となっている。

宮崎説

九州説の多くが北九州を候補地としているが、南九州の宮崎も検討に値するのではないだろうか。その根拠として次の点があげられる。

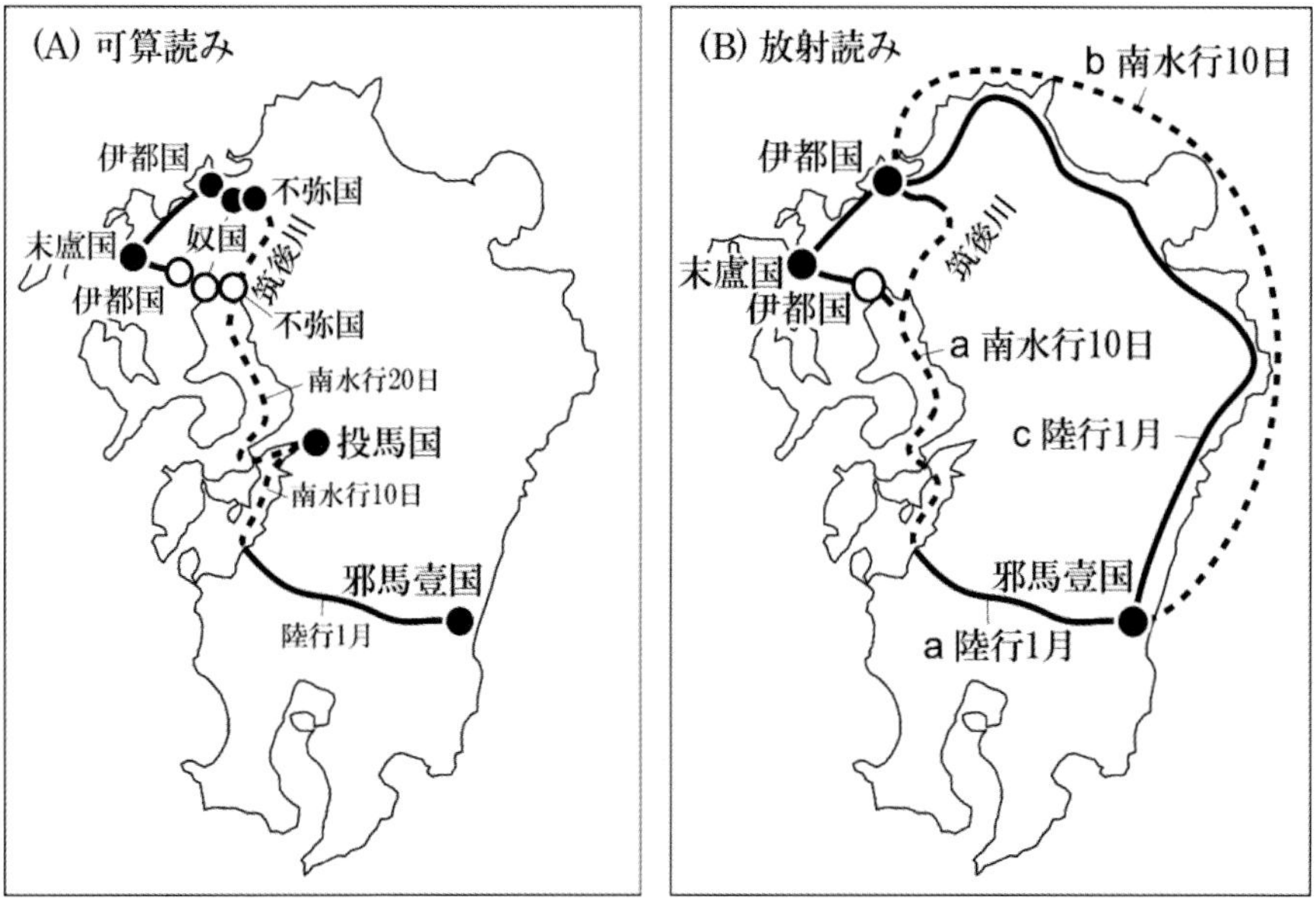

図 14　「可算読み」(A) と「放射読み」(B)を採用した場合の末盧国から邪馬壹国までの推定ルート．伊都国，奴国，不弥国の位置について，「魏志」倭人伝に記された地名と現在の地名の類似性から比定地を福岡平野にした場合(●)と「魏志」倭人伝に記された方向と距離を重視した場合（○）を示す．「放射読み」では a〜c の 3 ルートを示す

一、伊都国から邪馬壹国までの行程について、「可算読み」(図13A)を採用し、「魏志」倭人伝に記された地名と現在の地名の類似性より、伊都《いと》国の比定地として現在の福岡県糸島《いとしま》市を中心とする地域、奴《な》国の比定地として那珂《なか》川市、不弥《ふみ》国の比定地として宇美《うみ》町とした場合、つぎのルートをあげることができる。①a伊都国(図14Aの●)を出発し、七、八キロ東南の奴国を通り、さらに七、八キロ

東の不弥国の南方から筑後川支流の宝満川を川下りし、久留米で筑後川本川に入って、有明海に出る。①b一方、「魏志」倭人伝に記された国間の方向と距離に従うと、伊都国は末盧国の伊万里港から東南三八キロの佐賀県江北町あたり、奴国は伊都国の東南七、八キロ、不弥国は奴国の東七、八キロに位置する（図14Aの○）ので、佐賀市から柳川市あたりの有明海に出る。②有明海に出た後は①a、①bとも同じルートをたどり、干満差の大きな有明海を南に進み、潮待ちなどのために、投馬国までの移動に二〇日間と多くの日数を要した。中田（二〇一二）は、投馬国が不弥国より南にあり、邪馬壹国に次ぐ五万戸を擁する大国であったことから、熊本平野にあったと推察し、棚田（二〇一五）は、宇城市豊野町糸石字田馬《とうま》を比定地にしている。③投馬国の港を出て不知火海を南に進み、一〇日後、女王国に対抗する狗奴《くぬ》国を避けて、現在の水俣市周辺に上陸する。④久木野川、山野川沿いを伊佐に抜け、川内川沿いを通り、えびの、小林を経て（棚田二〇一五）、水俣に上陸一カ月後に、宮崎市か西都市にあった邪馬壹国の都に達する（図14A）。上陸をどの地にするかにより、ルートは変わるが、「魏志」倭人伝に記述された「可算読み」の経由地を現在の地名、位置に比定することができ、経由地間の方向、距離および通行に要した時間を無理なく説明できる。九州東海岸まわりのルートについては、東海岸に良港が少ないこと、外洋に面し、潮流が速く、風波が強いことから、可能性は低いと思われる。「放射読み」（図13B）を採用しても、南水行一〇日かつ陸行一月（図14Bのａルート）であっても、南水行一〇日（ｂルート）あるいは陸行一月（ｃルート）であっても、所要時間は到達可能な範囲に収まっている。

二、「魏志」倭人伝では、邪馬壹国と他国の位置をつぎのように記述している。①自女王國以北 其戸數道里可得略載 其餘旁國遠絶 不可得詳 次有斯馬國 次・・・（女王国より北の国は、戸数や距離をおおよそ記載できるが、その他の傍らの国、斯馬国など二一カ国は遠くて情報もなく、詳しく知ることはできない）。②其南有狗奴國（その南に狗奴国がある）。③女王国東渡海千餘里 復有國 皆倭種（女王国の東、海を渡って千余里で、また国があり、皆、倭種である）。④有侏儒國在其南・・・去女王四千餘里（侏儒国《しゅじゅこく》がその南にある。女王国を去ること四千余里）。この記述に関して、②と④の原文中の「其（その）」が邪馬壹国を指し、邪馬壹国が宮崎にあるならば、①戸数、距離がわかる国（七カ国）以外に二一カ国が九州中央部以北に、②狗奴国が薩摩・大隅半島を中心とした地域に、③倭種の国が四国に、④侏儒国が南西諸島に、それぞれ存在したことになる。このように、邪馬壹国と他国との位置関係を無理なく説明できる。

三、「魏志」倭人伝では、末盧国から邪馬壹国までの行程の国々の戸数が記されている。すなわち、末盧国四千余戸、伊都国千余戸、奴国二万余戸、不弥国千余戸、投馬国五万余戸、邪馬壹国七万余戸であり、このなかで邪馬壹国は最大の戸数を擁している。投馬国が熊本平野にあり、北九州から邪馬壹国に到達するのに一カ月以上を要し、多い人口を収容する広い平野は宮崎平野（八〇〇平方キロメートル）以外にない。

四、宮崎平野には、西都原《さいとばる》、祇園原《ぎおんばる》、本庄、下北方《しもきたがた》、生目《いきめ》の古墳群があり（図15）、前方後円墳一五〇基、円墳一一五三基、方墳四基、横穴墓九六五、地下式横穴墓二二四が確認されてい

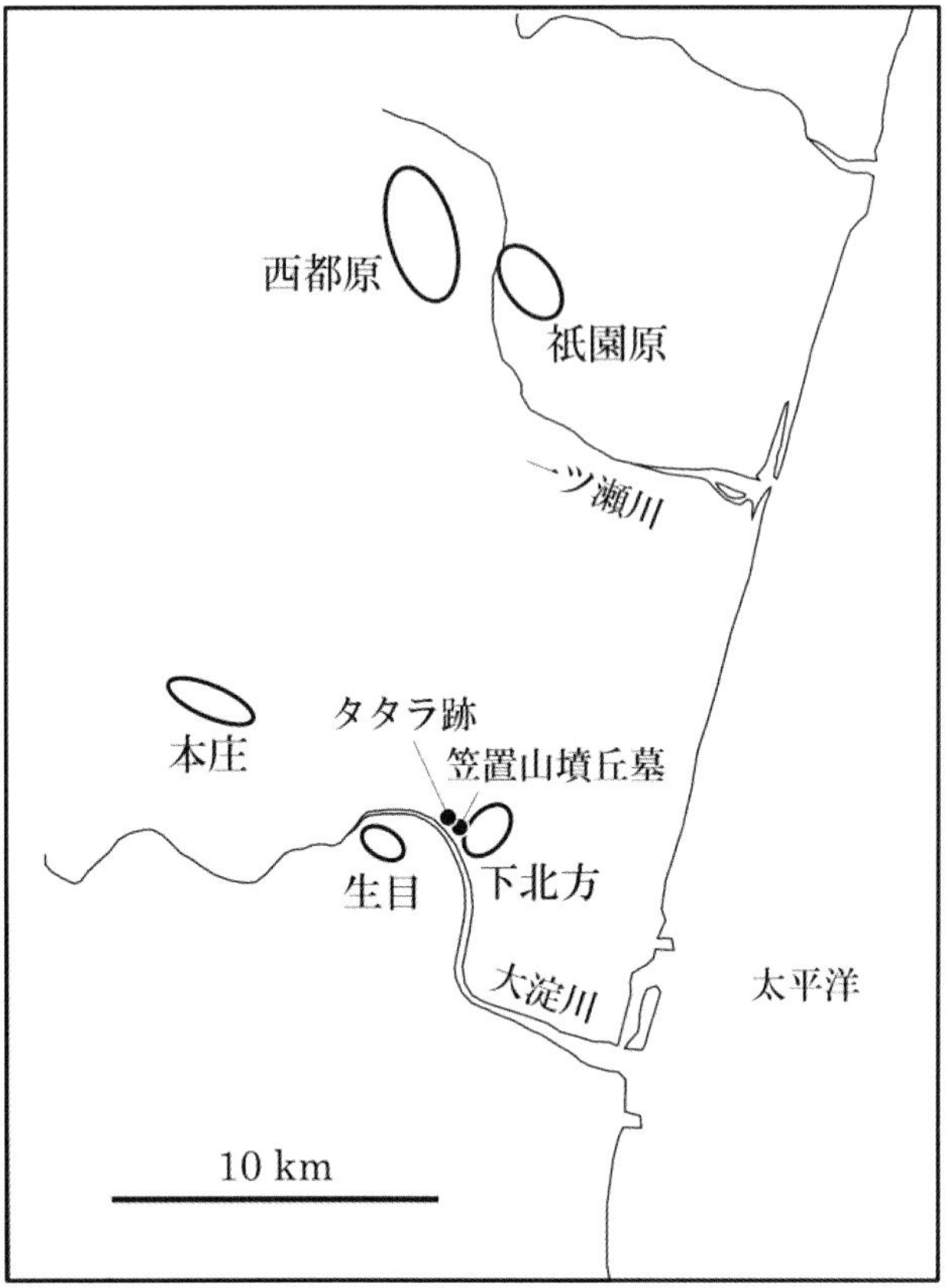

図 15　宮崎県内の 5 カ所の古墳群（出典：大地舜，URL は引用文献参照）

表 4　九州における墳丘長 120 m 以上の前方後円墳

順位	古墳名	墳丘長（m）	場所
1	女狭穂塚	180	宮崎県西都市
2	男狭穂塚	175	宮崎県西都市
3	唐仁大塚	154	鹿児島県東串良町
4	横瀬	140	鹿児島県大崎町
5	岩戸山	138	福岡県八女市
6	生目 3 号	137	宮崎県宮崎市
7	生目 1 号	120	宮崎県宮崎市
8	菅原神社	120	宮崎県延岡市
8	持田 1 号	120	宮崎県高鍋町
8	石人山	120	福岡県広川町
8	小熊山	120	大分県杵築市
8	亀塚	120	大分県大分市

出典：日本経済新聞，2014 年 7 月 8 日「宮崎に集まる巨大古墳「日向」「畿内」に深い縁？」；白石，2015

る。九州で墳丘長が一二〇メートルを超える前方後円墳は全部で一二基あるが、そのうち南九州が八基と圧倒的に多い（表4：日本経済新聞、白石二〇一五）。その中でも、西都原古墳群内の女狭穂塚《めさほづか》古墳と男狭穂塚《おさほづか》古墳が最大級である。宮崎市瓜生野《うりゅうの》地区柏田にある笠置山墳丘墓は、最古級（二世紀後半から三世紀中ごろ）・最大級（墳丘長、一四六メートル）の可能性がある。西都原古墳群の八一号古墳の築造年代も三世紀中ころにさかのぼる可能性がある。生目一号墳も最古級（三世紀代）の可能性があり、その墳形は大和の箸墓古墳の二分の一の相似形である。西都原九一号墳、一〇〇号墳も箸墓古墳と相似形の可能性がある。また、五世紀前葉の女狭穂塚古墳は、大阪府古市の仲ツ山古墳の約三分の二の相似形墳である。相似形墳は王権に直属する造墓集団が造営に関与したことを示唆している(柳沢一九九七)。このように、三世紀から五世紀にかけて、日向の首長とヤマト王権との間に親密な関係があったことがうかがわれる。

五、邪馬壹国の官吏の名前に似た音の地名が宮崎県下にある(官吏名の伊支馬《いきま》と地名の生目《いきめ》など)。また、日本神話においてアマテラスの誕生の地として登場する地名「竺紫の日向の小門の橘の阿波岐原《あわきがはら》」(古事記)が宮崎市内にある(土田二〇二一)。

六、笠置山墳丘墓近くより、大規模な製鉄が行われていたことを示すタタラ溶鉱炉の跡が見つかった(図15:大地舜「邪馬台国と製鉄」)。稲作と鉄の生産は邪馬壹国の勢力拡大の基盤となった。

神武東征

邪馬壹国宮崎説を採ると、神武東征をうまく説明できる。記紀によると、アマテラス五代後の四五歳カムヤマトイワレビコ(神倭伊波礼毘古命)は兄達と「東方に美しい地があるので、行って天下を治めよう」と相談(東征発議《ほつぎ》)し、日向の美々津《みみつ》より東征の旅に出た(図16)。

神武東征の動機となった要素として考えられるのは、宮崎平野の土壌である。宮崎平野は南九州最大の面積を擁し、気候は温暖多雨で日照時間が長く、農業に適している。しかし、土壌が基

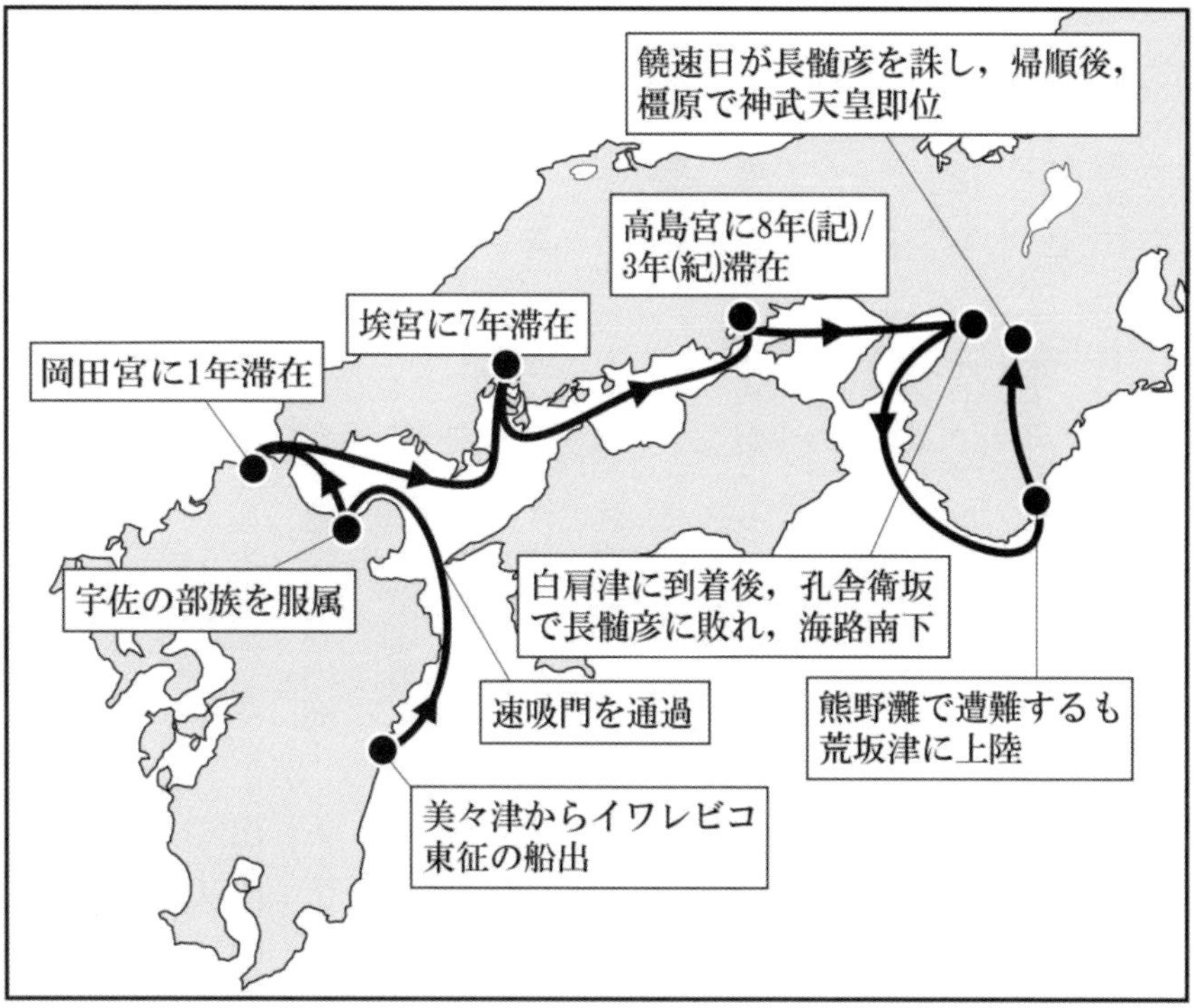

図 16　「神武東征」のルート

本的に火山灰からなっており、稲作に最適とはいえない。人口が増える中で、稲作適地を他地に求めた可能性があるのではないか。

　他の動機として、当時の政治情勢が考えられる。東征が卑弥呼の時代に重なるとすると、卑弥呼が東征を命じたのであろう。「魏志」倭人伝には、卑弥呼が二四八年ころに亡くなったのち、男王が跡を継いだが、国が治まらなかったので、壹與が女王になったとの記述がある。東征が卑弥呼の死後であれば、政治の混乱を避けるための東征であったのかもしれない。

　船団は、速吸門《はやすいのと》（豊予海峡）を

通り、兎狭（宇佐）に上陸した。土地の部族を服属させたのち、筑紫の岡田宮（別名、岡水門《おかのみなと》）で一年滞在した。畿内の征服が目的なのに、なぜ関門海峡を通って北九州に入ったのだろうか。当時、日本海の浜伝いの航行が九州から畿内に向かう主ルートであった。このルートを採ろうと岡田宮に入り、日本海の海運を支配していた出雲国の協力を求めたが、受け入れられず、しかたなく潮流が速く、航行が困難な瀬戸内海ルートをとったのかもしれない。また、滞在中、邪馬壹国と協力関係があった北九州の伊都国、奴国などから兵士、物資の供給を受けた可能性もある。

瀬戸内海に戻って、安芸（広島）の埃宮《えのみや》（別名、多祁理宮《たけりのみや》）に七年滞在、吉備（岡山）の高島宮に八年（記）か三年（紀）滞在した。各地の部族を服属させたり、兵站を整えるのに年月を要したのだろう。また、瀬戸内海の航行には高度の情報収集と航海技術が必要だった。瀬戸内海の東進に年月を要したのもうなずける。

大阪湾の東岸に砂州があり（現在の上町台地）、その先端部の難波の碕から当時、存在した河内湖に入り、生駒山山麓の白肩津《しらかたのつ》に到着した。上陸して、生駒山を越えようとしたとき、この地の豪族の長髄彦《ながすねひこ》に強く抵抗され、孔舎衛坂《くさえのさか》で大敗した。兄のイツセはこの時の傷がもとで、大阪湾から海路南下する途中で死亡した。

軍団は熊野灘で荒天のため遭難し、兄二人を失ったものの、熊野の荒坂津に上陸した。その後、険しい熊野の山々を越えて兎田（宇陀）に至り、次々と豪族を討伐した。長髄彦との再戦では、

郵 便 は が き

料金受取人払郵便

鹿児島東局
承認
300

差出有効期間
2027年2月
4日まで

有効期限が
切れましたら
切手を貼って
お出し下さい

892-8790

168

鹿児島市下田町二九二—一

図書出版
南方新社 行

ふりがな 氏　名		年齢　　歳
住　所	郵便番号　　－	
Eメール		
職業又は 学校名		電話（自宅・職場） （　　）
購入書店名 （所在地）		購入日　月　日

書名　(　　　　　　　　　　　　　　　　　　　　　　)愛読者カード

本書についてのご感想をおきかせください。また、今後の企画についてのご意見もおきかせください。

本書購入の動機（○で囲んでください）

A　新聞・雑誌で　（紙・誌名　　　　　　　　　　　　　）
B　書店で　C　人にすすめられて　D　ダイレクトメールで
E　その他　（　　　　　　　　　　　　　　　　　　　　）

購読されている新聞，雑誌名

新聞　（　　　　　　　　　）　雑誌　（　　　　　　　　　）

直接購読申込欄

本状でご注文くださいますと、郵便振替用紙と注文書籍をお送りします。内容確認の後、代金を振り込んでください。（送料は無料）

書名		冊
書名		冊
書名		冊
書名		冊

物部氏の祖先であり大和の支配者であった饒速日《にぎはやひ》が長髄彦を殺し、イワレビコに帰順した。東征を成し遂げたイワレビコは橿原の地で初代天皇として即位した。

この神武東征は神話としての脚色はあるものの、邪馬壹国を中心とした勢力が畿内を制し、ヤマト王権をたてたとの大筋は事実を反映しているのではないだろうか。その理由として、①東征の行程と戦歴が具体的、詳細に記され、孔舎衛坂での大敗、イツセの戦死や熊野灘での遭難といった負の戦績も記されている、②一二代の景行天皇、一五代の応神天皇、一六代の仁徳天皇が日向から后を迎えた、③笠置、伊勢、五十鈴川、瓜生野など畿内と共通する地名が多い（大地舜「邪馬台国と製鉄」）ことがあげられる。

宮崎市の上北方地区や瓜生野柏田地区には、アマテラスの岩屋戸隠れやヤマタノオロチといった日本神話にまつわる伝説が残っている。また、上北方地区では、鶏をアマテラスの使い鳥として信仰する習慣がある（大地舜）。このように、南九州に残る伝承や習慣の多くが記紀の日本神話の素材になっていることも、南九州と大和との強いつながりを示唆している。

ヤマト王権成立の年代

安本美典氏が著書「最新『邪馬台国』論争」（一九九七）のなかで示した、天皇の代と没年の関係図にならい、横軸に歴代天皇の「代」をとり、縦軸にその天皇が即位した年をとった図17を作

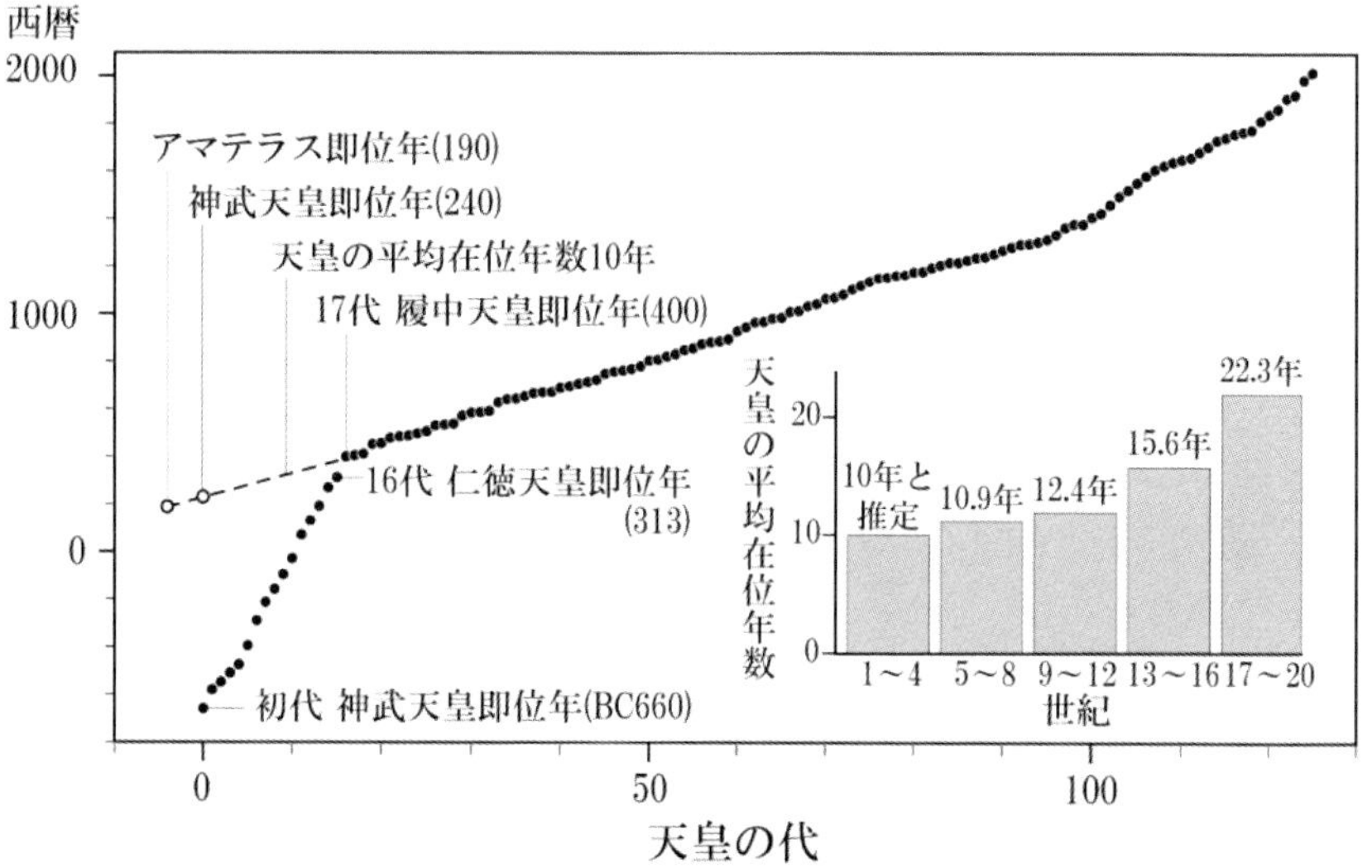

図 17　天皇の即位年と西暦との関係．破線は平均在位年数を 10 年とした場合の推定ライン（出典：安本，1997 を改変）

成した。プロットを結ぶ線の傾きは、神武天皇から一六代仁徳天皇までと一七代履中天皇以降では明らかに異なる。これは、初代から一六代までの平均在位期間が六六年と異常に長いことによる。天皇の起源を古く見せようとする日本書紀の脚色によるものであろう。

一七代以降の平均在位年数は時代とともに長くなるが、五世紀から八世紀にかけての平均在位年数が一〇・九年であることから、安本氏は四世紀以前の平均在位年数を一〇年と見積もった（図17中の棒グラフ）。初代以降一六代の天皇が実在し、この間の平均在位年数が一〇年であった（図17の破線）と仮定すると、神武天皇の即位年は紀元二四〇年となり、邪馬壹国の時代に重な

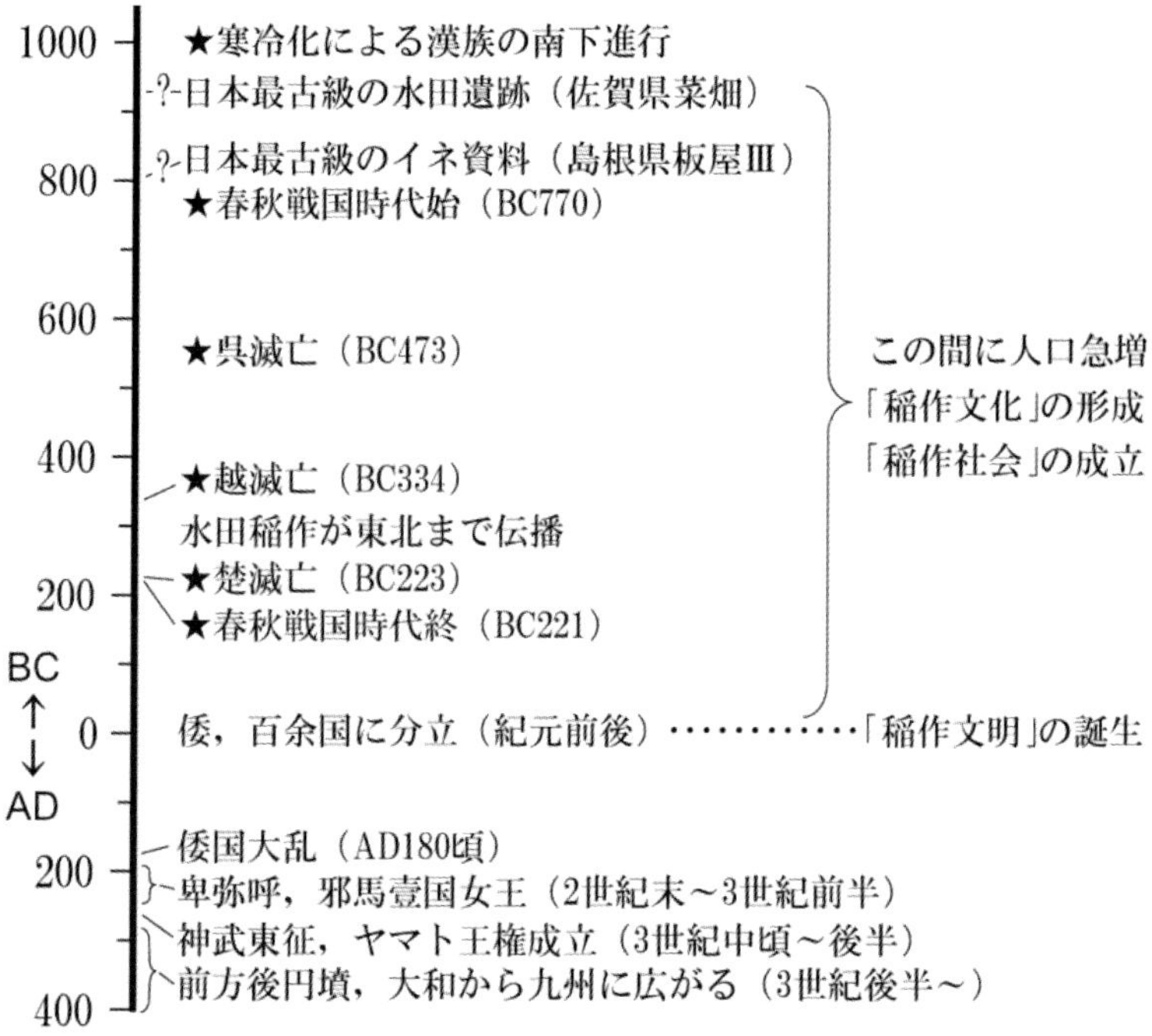

図18　稲作に関する日中の出来事．星印は中国における出来事

る。記紀によると神武天皇の五代前がアマテラスなので、天皇の平均在位年数一〇年をそのままあてはめると、アマテラスは一九〇年ころに位に就いたことになる。この年は卑弥呼が倭国の女王となった年（一八八年ころ）に近い。

稲作の伝来からヤマト王権成立まで

稲作の伝来からヤマト王権成立までの、私見を加えたあらすじは次の通りである。この間の各出来事とその年代を図18に示す。

中国の春秋戦国時代の戦乱期に、長江流域の「倭」と称する越人が日本に渡来して水田稲作を伝えた。倭人は宮崎で邪馬壹国を建て、その後、東征して畿内を制圧し、ヤマト王権を成立させた。記紀の日本神話はこの間の出来事を物語っているのではないか。倭人の故郷、長江下流域が「高天原」、東シナ海を渡ってたどり着いた場所が薩摩半島の「笠沙」であろう。その子孫は稲作適地を求めて笠沙から「天孫降臨」の高千穂クシフル岳の麓を通り、日向に向かった。温暖で広い沖積平野がある日向に住みつき、稲作に励み、富を蓄えて邪馬壹国を起こした。国名の「邪馬」は、倭人には長江下流域の越人と共通する山岳信仰があり（李二〇〇六）、崇拝の対象とした高千穂峰にちなんで付けられたのであろう。この国の祭祀を司った巫女、卑弥呼は多くの人から崇められていたに違いなく、祖神アマテラスのモデルとなった。彼女は、同時代に建国された多くの都市国家間での争いである倭国大乱を収め、他の倭国との連合体の盟主となったのも、卑弥呼の神性の高さと邪馬壹国の豊かさによるものかもしれない。やがて卑弥呼の子孫が日向を出て「神武東征」を果たし、大和で初代天皇に即位した。その後、ヤマト王権の勢力は東北南部から九州まで広がり、各地で服属を示す前方後円墳が造られるようになった。ヤマト王権は、八世紀初頭の律令制度の制定、記紀の編纂を経て中央政権的な大和朝廷へとつながっていく。

海民と船の役割

「稲作渡来民」（二〇〇八）の著者、池端宏氏は、弥生時代早期の水田遺跡の分布より、稲作伝来後の定着、拡大の過程を推察している。すなわち、①弥生時代早期の水田稲作の遺跡は、海から進入可能な入り江や湾、河川の沿岸の低地と低い丘陵に存在している。②これらの遺跡は、舟を駆使し移動性に富む呉・越系の稲作漁撈民によるものであろう。③彼らは、中国の春秋戦国時代に、長江下流から山東半島、朝鮮南西部を経て北九州〜山陰に渡来し、土器と稲作を伝えた。④稲作渡来民は、縄文人との遺伝的交流を経て、急激に人口を増やし、弥生社会を作った。

一方、「海民の日本史」を著した西川吉光氏は、国内での稲作の早急な拡大や神武東征の成功に海民と航海技術があったと分析している（西川二〇一六〜二〇一八）。その論旨はつぎの通り。①南九州は、縄文時代から東シナ海横断か南西諸島経由により江南・中国南部と交流していた。②紀元前五〜四世紀頃、長江流域の海民が、南下した漢民族に追われ、稲作技術を携えて、朝鮮半島経由か直接、日本に渡った。③九州北岸で水稲耕作を始めた江南出身の海民は、水田の適地を求めて日本海沿岸や瀬戸内地方へと各地に進出した。④日本列島における稲作伝播の速度が速かったのは、海民の高い航海技術による。⑤南九州に移住した大王家の祖先が海民隼人を統制下に置き、秀でた航海技術を利用することにより東征が可能となった。

池端氏も西川氏も稲作の日本への伝来、国内での拡大に舟船が大きな役割を果たしたことを強調している。ある程度まとまった数の稲作民が、長江下流域から東シナ海を横断して直接、九州

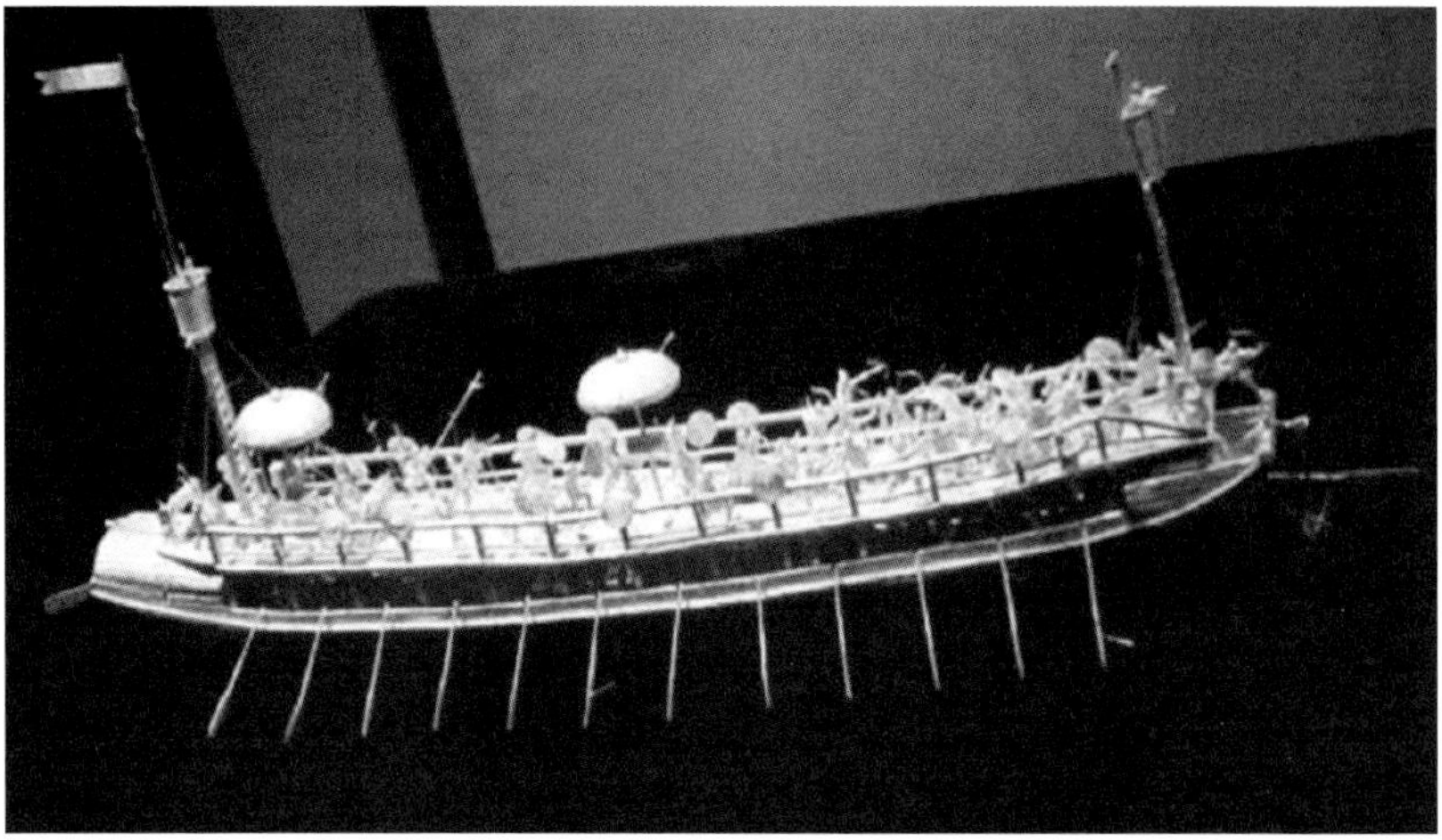

図 19　春秋時代の呉国の「大翼戦船」（出典：海洋総合辞典，URL は引用文献参照）

に渡来するには、構造船と高度な航海技術が不可欠であった。上海の中国航海博物館には、春秋時代の「大翼戦船」の模型が展示されている（図19：海洋総合辞典）。この呉国の船は多数の漕ぎ手と舵手によって航行し、帆走も可能な戦船であるが、この造船技術が民間船にも及んで、交易に使われたとの説明がされている。この時代は、長江下流域から九州に稲作が伝わった時期にあたるが、このような構造船であれば、江南直接ルートにせよ、南朝鮮経由ルートにせよ、長江から九州への航海は十分に可能であったろう。また当時、長江下流域では漁撈を生業とし、漁船を操る人々も多く居住していたと思われる。彼ら稲作漁労民が社会の混乱時に海路、日本に向かったとしても不思議ではない。

一世紀から六世紀の土器等に記された古代船は、

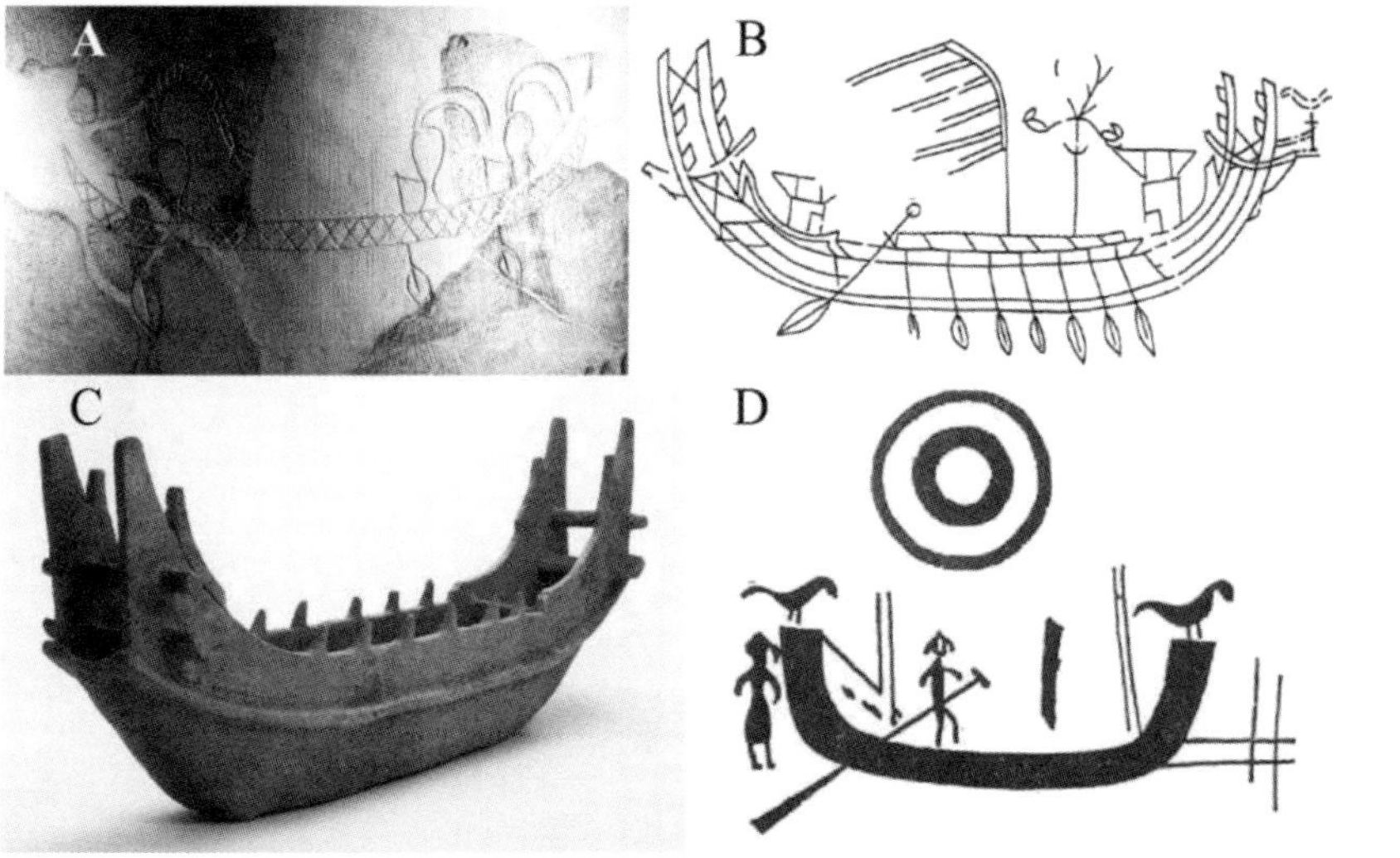

図 20　日本の古代船．A：鳥取県稲吉角田遺跡出土土器の線刻画（1 世紀，古代出雲歴史博物館展示物を筆者が撮影）．B：天理市東殿塚古墳埴輪の線刻画（4 世紀初頭，出典：松阪市文化財センター）．C：宮崎県男狭穂塚古墳陪塚出土の埴輪（5 世紀前半，出典：西都原考古博物館）．D：福岡県鳥船塚古墳の壁画（6 世紀，出典：うきは市生涯学習課）．B～D の出典の URL は引用文献参照

いずれも船首と船尾がそりあがり、外洋の波に耐えられる形をしている（図20）。このうち、宮崎県西都原一七〇号墳より出土した埴輪舟は、刳りぬき法で成形された丸木舟に波よけの舷側板をとりつけた準構造船で、舷には艪の支点となる突起がある（図20C：西都原考古博物館）。稲吉角田遺跡出土土器の線刻画では、漕ぎ手の頭に、南越国の軍船の戦士の頭飾りとよく似た飾りが描かれている（図20A）。奈良県東殿塚古墳から出土した円筒形埴輪に描かれた一四人で漕ぐ大型船の舳には鳥がとまっている（図20B：松阪市文化財センター）。また、鳥船塚古墳の壁画は、

死者の魂を乗せて冥界の船着き場に着いた天鳥船を表したと思われるが、その船首と船尾にも鳥が、船の背景には太陽を表す丸が描かれている（図20D：うきは市生涯学習課）。長江文明のシンボルとされる鳥と太陽の描写は、当時の船や船を操る人々が越や江南地方とつながりがあったことを示している。稲籾をたずさえて日本にたどり着いた江南の人々の船にも、陸地の方向を教えてくれる鳥がとまっていたのであろう。

「魏志」倭人伝では、魏の使節が九州に上陸した際の様子を「草木が盛んに茂り、行く時、前の人が見えない」と記述している。温暖湿潤の日本では草木が繁茂し、弥生時代には陸路は発達していなかったため、遠方への移動はおもに舟を使っていたと思われる。水田の適地は、入江、湾岸、河口周辺や河口から川を少し遡った沖積平野に多く、適地の探索には、海からのルートが主で、舟が使われたに違いない。水田稲作の定着・拡大期は紀元前数世紀と推定されるので、その時期に図20に掲げた構造船が国内に普及していたかどうか不明であるが、丸木舟か、丸木舟をつなぎ合わせた準構造船（西川二〇一六）でも国内の沿岸沿いに移動することは可能であったと思われる。国内で、稲作が速やかに広がったのも、稲作民が舟の扱いに慣れていた、あるいは舟の扱いに慣れた縄文人の協力を得られたからではないだろうか。それから数百年後、神武東征の行程のほとんどは海路であった。東征に成功したのも、稲作渡来人の末裔であるイワレビコの軍が航海術に長けていた、あるいは海民隼人の協力を得て海路を進んだと推察するのも肯ける。

おわりに

弥生時代早期に日本に伝わった水田稲作は、人々に食糧を提供し、人口を増やしただけでなく、やがて稲作中心の文化、社会を生みだし、ついには国を形成するに至った。これは、イネが日本の気候風土によく合い、生産性が高いこと、収穫後も長期間の貯蔵が可能で、弥生経済の中心的産物であっただけでなく、霊的な力をもつと考えられ、為政者から庶民に至るまで、稲魂信仰を通して稲作に基づく儀礼、文化を共有してきたからであろう。

現在、その稲作が危機に瀕している。小麦の消費量の増大に伴い米食が減少し、農家の高齢化と後継者不足により耕作放棄地が増大している。日本の人口は弥生時代以降、増加の一途をたどってきたが、二〇一一年以降、減少に転じた。この減少率が続けば、いずれ日本の社会が崩壊するともいわれており、すでに地方の集落、自治体の消滅が始まっている。この転換期に、日本人の体、文化、社会、国を生みだした源である稲作の伝来、定着、拡大の過程と日本社会への影響を振り返る必要があるのではないだろうか。そこで、本書の目的を「世界の中で稲作がいつ、どのように生まれ、それがどこから、どのように日本に伝わり、その当時の日本の文化・社会にどのような影響を及ぼしたのかを考える」においた。

このうちの前半の「稲作がいつ、どのように生まれ・・・どのように日本に伝わり」は、近年、考古学的発掘調査が進むとともに、農学、植物学、分子遺伝学、文化人類学、民俗学等の文理両面からの取組みにより、理解が進んできたように思われる。この問いに対して、つぎのように答えることができる。「長江中・下流域において、一万年ほど前、野生のイネを採集し、食糧としていた人々がイネの種子を保存、播種するようになり、七〇〇〇～六〇〇〇年前には温帯ジャポニカの水田栽培が始まり、その後、この地方から日本に水田稲作が伝わった」

日本への伝来時期は、おもに土層の堆積状態と出土した土器の型式から約二五〇〇年前とされてきたが、炭素14年代測定（AMS法）により五〇〇年さかのぼる説が出された。しかし、この手法には試料の種類による値の変化、海洋リザーバー効果、二四〇〇年問題などの課題があり、伝来時期の決着はついていない。伝来が二五〇〇年前とすると、長江下流域の「倭人」と称する越族の稲作漁労民が春秋時代の戦乱を逃れるため、稲籾をたずさえて東シナ海を横断し渡来したルートが、三〇〇〇年前とすると、山東半島から朝鮮半島南部を経て、北九州に稲作が伝わったルートが、それぞれ主要なルートと考えられる。古代の歴史を評価するには、出土した遺物の年代を正しく把握することが前提となり、その年代決定法を確立する必要がある。

一方、「日本の文化・社会にどのような影響を及ぼしたのか」については、中国の歴史書や記紀の記述に手がかりがある。本書では、中国の春秋戦国時代の戦乱期に長江流域の倭人が南九州に渡来して水田稲作を伝え、宮崎で邪馬壹國を建てた後、東征して畿内を制圧し、ヤマト王権を成立させるとともに、この間、稲作中心の風俗、習慣、文化を育んできた、と仮説した。

しかし、この仮説を証明する客観的科学的資料は、現在、十分に得られているとはいえない。また、戦後、皇国史観の否定から、記紀の日本神話が大和朝廷の権威を高めるための作り話であるとする意見が多い。陵墓は宮内庁の管理下に置かれ、発掘や調査はおろか立ち入りさえ禁止されている。他方、全国の遺跡の多くが詳しく調査されないまま、現在、開発などにより破壊されている。神話を科学のテーブルに載せるとともに、陵墓を含めた古墳、遺跡の科学的調査が急がれる。

引用文献

安藤美紀「天孫降臨神話について」史林、七五巻、七七 - 九八、一九九二年
張莉「「倭」「倭人」について」立命館大學白川靜記念東洋文字文化研究所紀要、七号、三三 - 五二、二〇一三年
藤尾慎一郎「西日本の弥生稲作開始年代」国立歴史民俗博物館研究報告、一八三集、一一三 - 一四三、二〇一四年
藤尾慎一郎・今村峯雄・西本豊弘「弥生時代の開始年代―AMS-炭素14年代測定による高精度年代体系の構築―」総研大文化科学研究、一号、七三 - 九六、二〇〇五年
藤原宏志『稲作の起源を探る』岩波書店、一九九八年
萩原秀三郎『稲と鳥と太陽の道』大修館書店、一九九六年
井澤毅「遺伝子の変化からみた稲の起源」日本醸造協会誌、一一二巻、一五 - 二一、二〇一七年
池田賛史「日本の弥生農耕文化をめぐる最近の考古学諸説と琉球列島」地理歴史人類学論集、二号、三七 - 四六、二〇一一年
池端宏『稲作渡来民』講談社選書メチエ、二〇〇八年
加藤茂苞・小坂博・原史六「雑種植物の結実度より見たる稲品種の類縁について」九州帝大農学芸雑誌、三巻、一三二 - 一四七、一九二八年
鬼頭宏『[図説]人口で見る日本史』ＰＨＰ研究所、二〇〇七年
小西左江子・矢野昌裕・井澤毅「イネはどのように栽培化されたのか？」農業および園芸、八二巻、四四五 - 四五六、二〇〇七年

甲元眞之・木下尚子・藏冨士寛・新里亮人「九州先史時代遺跡出土種子の年代的検討（平成一四年度研究プロジェクト報告）」熊本大学社会文化研究、一七二‐一七四、二〇〇三年
河野通明「日本列島への稲作伝来の二段階・二系統説の提起」非文字資料研究、二二号、一一一‐一四三、二〇二一年
工藤隆「アジア基層文化と古代日本」成城大学社会イノベーション研究、一四巻二号、一五‐三四、二〇一九年
工藤隆「大嘗祭と天皇制」アジア民族文化研究、一九巻、一八五‐二二二、二〇二〇年
中川原捷洋『稲と稲作のふるさと』古今書院、一九八五年
中村慎一「中国長江流域の稲作文明と弥生文化」『弥生時代の考古学　Ｉ弥生文化の輪郭』同成社、二〇〇九年
中田力『日本古代史を科学する』ＰＨＰ研究所、二〇一二年
中沢道彦「日本列島における農耕の伝播と定着」季刊考古学、一三八号、二六‐二九、二〇一七年
西川吉光「海民の日本史一」国際地域学研究、一九号、一五七‐一七六、二〇一六年
西川吉光「海民の日本史二　日本神話に見られる海洋性」国際地域学研究、二〇号、一三一‐一四八、二〇一七年
西川吉光「海民の日本史三　大和王権の生成と海洋力」国際地域学研究、二一号、九一‐一一三、二〇一八年
那須浩郎「雑草からみた縄文時代晩期から弥生時代移行期におけるイネと雑穀の栽培形態」国立歴史民俗博物館研究報告、百八十七集、九五‐一一〇、二〇一四年
槙林啓介「弥生時代の生業の実態とは」『考古学研究会六〇周年記念誌　考古学研究六〇の論点』考古学研究会、二七‐二八、二〇一四年

小畑弘己・真邉彩・國木田大・相美伊久雄「土器包埋炭化物測定法による南九州最古のイネの発見―志布志市小迫遺跡出土のイネ圧痕とその所属時期について―」日本考古学、五四号、一 - 一七、二〇二二年
岡彦一「稲品種間の各種形質の変異とその組合せ　栽培稲の系統発生的分化　第一報」育種学雑誌、三巻、三三 - 四三、一九五三年
岡田憲一「日本列島における水田稲作の導入と定着」『弥生初期水田に関する総合的研究―文理融合研究の新展開―講演要旨集』奈良県立橿原考古学研究所、一 - 一〇、二〇一九年
王才林・宇田津徹朗ら「プラント・オパールの形状からみた中国・草鞋山遺跡（六〇〇〇年前～現代）に栽培されたイネの品種群およびその歴史的変遷」育種学雑誌、四八巻、三八七 - 三九四、一九九八年
李国棟「玉で結ぶ長江下流域」広島大学大学院文学研究科論集、六六巻、一〇三 - 一一八、二〇〇六年
崎谷満『ＤＮＡ・考古・言語の学際研究が示す新・日本列島史　日本人集団・日本語の成立史』勉誠出版、二〇〇九年
佐藤洋一郎「日本のイネの伝播経路」日本醸造協会誌、八七巻、七三二 - 七三八、一九九二年
佐藤洋一郎『ＤＮＡが語る稲作文明　起源と展開』ＮＨＫブックス、日本放送協会、一九九六年
佐藤洋一郎「イネにおける栽培と栽培化」『ドメスティケーション―その民族生物学的研究』（山本紀夫編）国立民族学博物館調査報告、八四号、一一九 - 一三六、二〇〇九年
佐藤洋一郎『稲の日本史』角川選書、角川書店、二〇一八年
佐藤洋一郎・藤原宏志「イネの発祥中心地はどこか―これからの研究に向けて―」東南アジア研究、三〇巻、五九 - 六八、一九九二年

白石太一郎「古墳からみた四・五世紀の南九州と大和王権」『生目古墳群シンポジウム二〇一四 生目古墳群の実像〜一五年目の再検討〜報告書』宮崎市、九-二〇、二〇一五年
田畑久夫「稲作の起源（Ⅰ）照葉樹林文化論との関連において」学苑、七六九号、三〇-三九、二〇〇四年
田畑久夫「稲作の起源（Ⅱ）照葉樹林文化論との関連において」学苑、七八一号、一〇-一九、二〇〇五年
棚田嘉博「邪馬壹国と近隣のくにぐにの比定」第一工業大学研究報告、二七号、一一三-一三二、二〇一五年
土田章夫『邪馬台国は宮崎市にあった！』ビジネス社、二〇二一年
上山春平・佐々木高明・中尾佐助『続・照葉樹林文化東アジア文化の源流』中公新書、一九七六年
渡部忠世『稲の道』ＮＨＫブックス、一九七七年
柳沢一男「古墳の動向から古代国家成立の謎を探る」宮崎大学公開講座二一世紀へ、いま、一二-二〇、一九九七年
安田喜憲『龍の文明・太陽の文明』ＰＨＰ研究所、二〇〇一年
安本美典『最新「邪馬台国」論争』産能大学出版部、一九九七年
安本美典『卑弥呼の墓・宮殿を捏造するな！』勉誠出版、二〇一一年

Bessho-Uehara K et al. Loss of function at *RAE2* a previously unidentified EPFL, is required for awnlessness in cultivated Asian rice. PNAS, 113, 8969–8974 (2016)
Gong ZT et al. The temporal and spatial distribution of ancient rice in China and its implications. Chinese Science Bulletin, 52 (8), 1071–1079 (2007)

Huang X, Kurata N, et al. A map of rice genome variation reveals the origin of cultivated rice. Nature, 490, 497–501 (2012)

Ishii T et al. Restriction endonuclease analysis of chloroplast DNA from A-genome diploid species of rice. Jpn J Genet 63, 523-536 (1988)

Ishikawa R et al. A stepwise route to domesticate rice by controlling seed shattering and panicle shape. PNAS, 119, e2121692119 (2022)

Nakagahara M. The differentiation, classification and genetic diversity of cultivated rice (*Oryza sativa* L.) by isozyme analysis. Tropical Agriculture Research Series 11, 77-82 (1978)

Shomura A et al. Deletion in a gene associated with grain size increased yields during rice domestication. Nat Genet 40, 1023–1028 (2008)

Watanabe Y, Ohashi J. Modern Japanese ancestry-derived variants reveal the formation process of the current Japanese regional gradations. iScience 26. 3(2023)

（URL）

大地舜「邪馬台国と製鉄」https://www.shundaichi.com/37034393402148822269123923506937444.html (2024.10.22)

海洋総合辞典「一枚の特選フォト　海＆船」 http://www.oceandictionary.jp/scapes1/scape_by_randam/randam18/select1840.html (2024.10.22)

松阪市文化財センター「はにわ通信 No.213」https://www.city.matsusaka.mie.jp/uploaded/attachment/13645.pdf

日本経済新聞、「宮崎に集まる巨大古墳「日向」「畿内」に深い縁?」（二〇一四年七月八日）

https://www.nikkei.com/article/DGXNASJC2701L_T00C14A7000000/
西都原考古博物館　https://saito-muse.pref.miyazaki.jp/web/guidance.html
塚田敬章「古代史レポート　魏志倭人伝（原文、書き下し文、現代語訳）」
https://www.eonet.ne.jp/~temb/16/gishi_wajin/wajin.htm
うきは市生涯学習課「屋形古墳群（珍敷塚・原・鳥船塚・古畑）」https://www.city.ukiha.fukuoka.jp/kiji0035103/index.html

■著者紹介

横山　寿（よこやま　ひさし）
1951 年生。1982 年、京都大学大学院農学研究科博士課程単位取得退学。京大博士（農学）。1983 年より大阪市環境科学研究所、1992 年より水産庁養殖研究所、2012 年より京都大学学際融合教育研究推進センター特定准教授、2014〜2017 年特定教授として、沿岸環境の調査・研究、教育にあたってきた。著書に"Mercury Pollution in Minamata"など。
patiens07@gmail.com

南方ブックレット14
稲作の伝来と天皇

二〇二五年四月二十日　第一刷発行

著　者　横山　寿
発行者　向原祥隆
発行所　株式会社南方新社
〒八九二―〇八七三
鹿児島市下田町二九二―一
電話〇九九―二四八―五四五五
振替口座〇二〇七〇―三―二七九二九

定価はカバーに印刷しています
乱丁・落丁はお取替えします
ISBN978-4-86124-533-6 C0021